西日本大震災に備えよ

日本列島大変動の時代

鎌田浩毅
Kamata Hiroki

PHP新書

はじめに　「大地変動の時代」が始まった

日本列島ではひっきりなしに地震と火山噴火が続いている。実は、私の専門である地球科学では、こうした現象は既に予測されたことなのだ。東日本大震災、すなわち「3・11」以後の日本列島では、「大地変動の時代」が始まってしまったからである。

そしてこの事実は、日本に暮らす全ての人にとって重要な決心を行うことを突きつけている。それは、今までとは全く異なる時代を生き抜いていかなければならないという決心である。

「大地変動の時代」とは千年ぶりの地盤の動乱であり、日本民族に大きな試練をもたらすものである。そして近未来の西暦二〇三〇年代には、「南海トラフ巨大地震」という未曾有《みぞう》の危機を控えている。これが「西日本大震災」を引き起こすことは、確実である。「3・11」より一桁大きい甚大災害の発生を、地球科学者たちの全員が予測している。

地球科学者としての私は、現在の日本が危機的状況に突入したことを実感している。日本人の活動のもとになる日本列島の地盤自体が揺れていることを、初期条件に組み込んだ選択でなければ、すべてが「水泡に帰す」からだ。よって、この必須条件を受け入れ、その中で

「生き抜く」ために必要な決断をしなければならない。本書は「大地変動の時代」を生き抜くため全国民に必要な「日本人の決心」を促すものである。

「大地変動の時代」を生き抜くに当たり、地球科学者にしか言えないメッセージがある。大地の変動には決してマイナスの面ばかりではなく、プラスの面がある、ということである。すなわち、二千万年にもわたる大地の変動が、変化することが当たり前という国土をつくってきた。日本人の生き方は変動が前提条件となっている日本列島から切り離すことはできないのである。

そして我々は、その変化を逆手にとって世界で生き抜いてきた歴史を持つ。ここに着目する以外に、「大地変動の時代」を乗り切ることはできず、我々の祖先はそれに見事に成功してきた。それは大地の話だけでなく、政治・経済・外交の全てに共通する「変化に対する知恵」に他ならない。

＊

こうしたことを顧みるにつれ、私は自分が住む京都の歴史・伝統・文化について改めて勉強を始めるようになった。「大地変動の時代」を生き抜くための情報発信を行うには、どこを拠点としたら良いであろうか。もちろん国家の司令塔は首都東京だが、それを補完する機能が必要である。災害に強いバックアップを行い、同時に知恵袋としての役割を果たす上で、京都という千年の都が重要なオプションになることに気づいた。

ちなみに、私のような地球科学者は千年、一万年という時間で世界を見ている。ドッグイヤーで展開する技術革新を利用しながらも、地球を把握する目は世間の時間軸からかけ離れている。

これは「長尺《ちょうじゃく》の目」と呼ばれる独特の時間スケールだが、この観点によってのみ日進月歩の成長を続けている首都東京を補佐することが可能だ。また、時間軸を長くしてものを考えてみなければ、本質的なブレークスルーは出現しない、という京都独特の戦略もある。

長尺の目は、様々な点で科学が行き詰まった現代を俯瞰《ふかん》する際にも威力を発揮する。すなわち、「3・11」後の日本列島で生き延びるためには、西洋中心の近代科学に頼っていては危ういことに気づいたのだ。

たとえば、極東という言葉に如実《にょじつ》に表れているように、西欧から隔絶された風土で生まれた知恵が、大地変動を生き抜くキーワードとなる。換言すれば、日本特有の発想と伝統技術こそが、将来の日本人を救うのである。

具体的には、第六章で紹介するように、昭和の思想家・野口晴哉《はるちか》（一九一一〜一九七六）が発案した「整体」の思想は、我が国の四季がはっきりした風土と切り離すことができない。整体とは「しなやかな」体を目指すもので、古来より日本民族はこうした生き方を身につけてきた。しなやかな人間が数多く生き残り、その結果として日本民族は決して滅びることがなかったのである。

こうした一連の気づきは、私にとって海外や東京からいただくヘッドハンティングを辞退するという個人的な決断にも繋がった。京都に来てから十年ほど経った頃、東京に仕事場を移してはどうかという様々な提案があった。東京にいる古くからの友人たちは「オマエは何で京都なんかの田舎にずっと引っ込んでいるんだ」と理解を示さない。また、ニューヨークやパリにいる仕事仲間は、「東日本大震災のあと西日本大震災が必ず襲ってくるというのに、ヒロキはなぜ日本を脱出しない」と訝《いぶか》しげである。

しかし、私は日本を脱出することを人生上の決心から最初に外した。それとは逆に、自分が専門とする地球科学の知識と経験を駆使して、日本列島で生き抜くことを人々に提案しようと考えたのである。それは私が大学では当たり前の研究至上主義者（いわゆる研究バカ）

から脱却し、「科学の伝道師」としての生き方を確立しつつある時期と重なっていた。

私はアウトリーチ（啓発・教育活動）をもう一つ自分の重要な仕事に据えた。すなわち、専門家が知り得た重要な事実を一般市民にわかりやすく伝えることを、私の本務としたのである。そこで本来の専門である火山学に加え、コミュニケーション学の研究も行った。

勤務先の京都大学は偶然に与えられた仕事場だったが、大学の密集した京都は、アウトリーチの本拠地としてもベストだった。結果として、私は首都東京を生活の場とはせず「地方」の京都を選んだ。また、「大地変動の時代」に際して海外に逃亡を考えることを潔《いさぎよ》しとせず、生まれ育った日本を選択した。

＊

ここに面白いエピソードがある。かつてテレビ番組の収録で北野武（ビートたけし）さんとご一緒したことがある。二人でＭＣ（進行役）を務めた地震・火山のアカデミック・バラエティー番組なのだが、たけしさんが「先生が海外へ逃亡するときはオイラもゼッタイ連れてってね」と言った。私は笑って「海外逃亡はしませんよ」と答えた。

逆に、私はたけしさんに、二〇三〇年代の南海トラフ巨大地震（西日本大震災）を生き抜く方法を伝授した（『たけしのグレートジャーニー』新潮社刊に収録）。自分の生まれた国土に暮らす人々に貢献することが、「科学の伝道師」を標榜《ひょうぼう》する自らの使命だと感じたからだ。口幅《くちはば》ったい言い方をすれば、京都にいて日本を何とかしようと思ったのだ。現在の私は、「大地変動の時代」を生き抜く方策を人々と一緒に模索することをライフワークとしている。これは自分と家族と知人の生命を守るだけでなく、日本国が経済的にも生き延びる道を持たなければならないことをも意味する。

昨今、企業や官庁では事業継続計画（Business continuity planning：ＢＣＰ）と呼ばれる具体案の策定を開始している。仕事を継続できる条件を真剣に検討し、問題に対して直ちに手を打たなければならない。この時に地球科学の知識が必須となり、まさに「知識は力なり」（フランシス・ベーコン）の状況がやってきた。

以上のような経緯をたどって、私は京都に留まった。ここには、地球科学的に見て京都が別格に生き抜くための好条件を揃えている、という判断もある。世界遺産の京都は、仕事上・教育上・防災上という「オン」の最適地であるだけでなく、「オフ」の対象としても興味が尽きることがない。

よって、個人的には京都から地球科学の情報を発信し、同時に日本文化を学び、楽しみ、継承する役割を担おうと考えている。本書にはこうした「京都の戦略」についても具体的に述べてみた。

もちろん、仕事の多くは東京からいただくものであり、東京へ出向く機会も多い。テレビ・ラジオの出演、講演会や対談など、東京でしかできない仕事が少なからずある。国の会議や出版社の打ち合わせで出向くことも頻繁だ。

しかし、東京に行くときに私はいつも「気合い」をかけて出掛ける。なぜならば、南海トラフ巨大地震に勝るとも劣らず日本国を危機に陥れるのが、いつ起きてもおかしくない「首都直下地震」だからだ。

日本ではとんでもない激甚災害が方々で控えている。それを誰よりも熟知することで、私は人後に落ちない自信がある。いや、知っているだけではダメで、行動に移さなければ意味がない。

よって、私は東京でもどこにでも出向き、生き抜くための指南を行っている。ちなみに、指南の手段は講演のみの「辻説法」で、パワーポイントには頼らない。小学生から国会議員まで、直接相手の目を見つめながら説いてきた。敬愛するソクラテス、孔子、ガリレイ、福沢諭吉、ガンジーたちは皆そうしてきたからだ。

本書は私自身が「3・11」以後に試行錯誤し、考え抜いたエッセンスを語ったものである。最先端の地球科学の成果から、日本人が生き抜くために必須の条件を、初心者にもわかりやすく提示した。皆さんが自らの命を守るために必要な知恵を本書から選び取り、人生に搭載していただくことを願っている。

その最初に、「3・11」以後の日本列島がどうなっているのかを具体的に見てゆこう。

西日本大震災に備えよ◆目次

第一章◇◇◇大地変動の時代に入った日本列島

第二章 ◇◇◇ 西日本大震災は必ず起きる

第三章　◇◇◇　日本列島の火山は活動期に入った

第四章　◇◇◇　巨大噴火——文明を滅ぼす激甚災害

第五章　◇◇◇　ストックからフローへ

第六章 ◇◇◇ 「大地変動の時代」に必要な生き方

第一章

大地変動の時代に入った日本列島

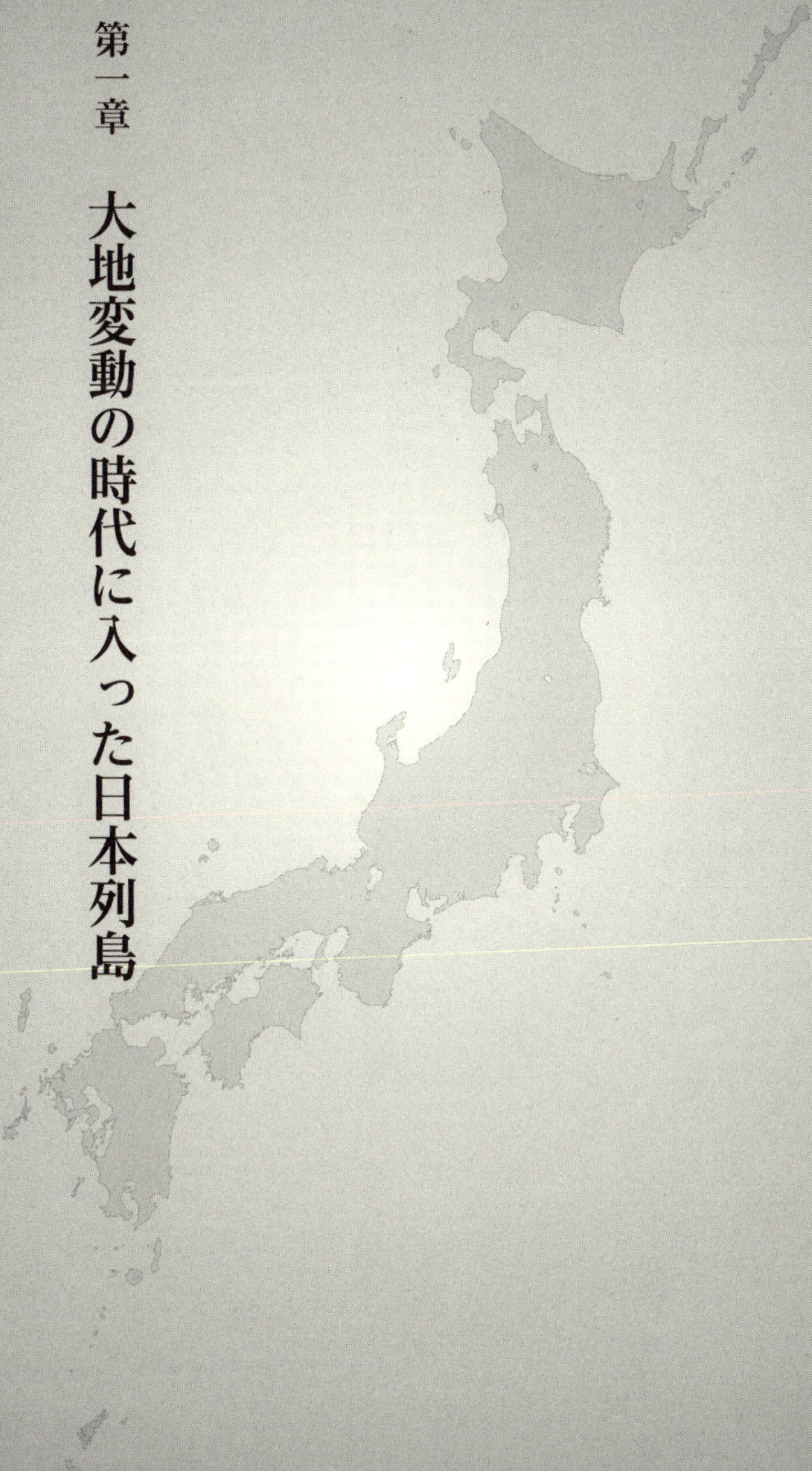

二〇一一年三月十一日、東北地方の宮城県沖を震源とする地震が発生した。この地震は「東北地方太平洋沖地震」と命名されたが、日本の観測史上最大規模というだけでなく、一千年に一回起きるかどうかという、非常にまれな巨大地震だった。

かつて西暦八六九年に、宮城県沖で貞観《じょうがん》地震という巨大地震が起きたことがある。この地震に伴って大津波も発生し、一〇〇〇人を超す犠牲者を出した。実は、東北地方太平洋沖地震は貞観地震よりも大きく、文字どおり「有史以来」の巨大地震が起きてしまったのだ。

●東北・関東沖で再び大地震が起こる

この日以後、日本列島の地盤は大きく変わった。その後私の元には、「これからまだ大きな地震が来るのか」「来るとすれば、いつ頃か」「どこで、どんな規模の地震が来るのか」といった質問が次々に寄せられた。

「3・11で大きなエネルギーが解放されたから、もうエネルギーは残っていないのではないか」と思って（期待して）いる人が多い。しかし、それはまったく違う。3・11は、いわば「寝ている子を起こし」てしまったようなものだ。しかも、「千年ぶり」に起こしてしまったので、地下にまだ溜まっているエネルギーが地震を起こしながら、今後も解放される可能性が高い。

具体的には、再び東北沖で大きな地震が発生し大津波が襲ってくるということだ。特に、東日本大震災のあとで地盤が沈下した太平洋の沿岸部では、新たな被害が出る恐れがある。岩手県から千葉県までの沿岸部では最大一・六メートルも地盤沈下が発生したのだが、その回復には数十年を要する。その間に襲ってくる津波を侮ることはできないのだ。

地球科学には「過去は未来を解く鍵」という言葉がある。何万年も前から堆積した地層を研究することで、近い将来の災害を予測するための重要なキー情報が得られる。そして太平洋沖の過去を調べてみると、海域で大地震が発生した例がある。

江戸時代の一六七七年、房総半島沖でマグニチュード（以下ではMと略記）8・0の地震が巨大津波を伴って発生した。延宝《えんぽう》房総沖地震と呼ばれている地震だが、五〇〇人を超える犠牲者が出た。津波の堆積物の調査からは、千葉県の太平洋岸に最大八メートルの高さの津波が押し寄せたこともわかっている。

このような地震とそれに伴う津波が、今後二十年くらいは太平洋沖でいつ発生してもおかしくない状況にある。もしこの規模の地震が起きれば、首都圏では最低でも震度5、悪くすれば震度6強の大揺れに見舞われるだろう。

●直下型地震が続出している

東日本大震災のような巨大地震が起きると、地下にひずみが加えられて内陸部で地震を誘発する。「3・11」では岩手県沖から茨城県沖にかけての長さ五〇〇キロメートル、幅二〇〇キロメートルという広大な範囲で海底の地盤が割れた。これが海底の「震源域」である。このとき地下の断層が五〇メートルもずれ、その影響で日本列島に新しくひずみが加えられた。

「3・11」の直後から、震源域から何百キロメートルも離れた内陸部で規模の大きな地震が次々と発生した。たとえば、翌日の三月十二日に長野県北部でM6・7の地震が起きた。これは震源の深さ一〇キロメートルという浅い地震であり、長野県栄村では震度6強を記録するだけでなく、東北から関西にかけての広い範囲で大きな揺れが観測された。さらに四日後の三月十五日には静岡県東部でM6・4の地震が発生し、最大震度6強を記録した。

これらの地震は典型的な内陸型の直下型地震であり、大きな災害を起こした二〇〇四年の新潟県中越地震や二〇〇七年の新潟県中越沖地震と同じタイプの地震だ。「3・11」のように海域で巨大地震が発生したあと、遠く離れた内陸部で地震が活発化した例は過去にも多数報告されている。

こうした地震は、先に述べた海底の震源域で起きた「余震」ではなく、新しく別の場所で「誘発」されたものである。すなわち、今後は日本列島全体で直下型の誘発地震を警戒しなければならない。そして警戒期間は二十年もの長期にわたるのである。

ここで余震域でないところで地震が起きてしまうメカニズムについて説明しておこう。「3・11」の地震によって、日本列島は五・三メートルも東側へ移動した。また、先ほど述べたように、太平洋岸に面する地域は地盤が最大一・六メートル沈降した。

すなわち、日本の地盤を巨視的に見ると、東北地方全体が東西方向に引き伸ばされ、かつ沿岸域が沈降したのである。このように陸地が海側に引っ張られてしまう地殻変動は、海域の巨大地震が起きたあとに必ず見られる現象なのだ。

こうした直下型地震は時間をおいて突発的に起きる可能性がある。それがいつ起きるのかは、現在の地震学では答えらえない。結論から言えば、地震予知は不可能なのである。

時期は予測できないとして、では地震の規模はわかるだろうか。幸い、これは「過去は未来を解く鍵」によってかなり正確に予測できる。「3・11」のように海域でM9の巨大地震が起きたあとに誘発される内陸地震は、経験的にM6〜7クラスである。まとめると、海底の震源域近くで起きるM8クラスの余震だけではなく、東日本の広範囲でM6〜7クラスの直下型地震が起きるというわけだ。

ここで少し整理をしておこう。地震には大きく分けて、「海で起こる地震」と「陸で起こる地震」の二つがある。最初のタイプは太平洋の海底で起きる地震で、莫大《ばくだい》なエネルギーを解放する巨大地震だ。これはプレートと呼ばれる海底の岩板の動きが引き起こすものである。

日本列島は陸のプレートの上に乗っており、その下に太平洋から海のプレートが押し寄せている（図1）。このとき、海のプレートが陸のプレートの下に潜り込むことで地震が起きる。すなわち、「3・11」のようなM9クラスの巨大地震が発生し、海で起きることから同時に大津波も襲ってくる。

もう一つのタイプの地震は、陸で起こる。文字どおり足もとの直下で発生するので、「直下型」や「内陸型」などさまざまな表現がされる。震源地が陸地であるという意味では同じで、その上に都市があれば直下型と表現されることが多い。たとえば、一九九五年に発生し

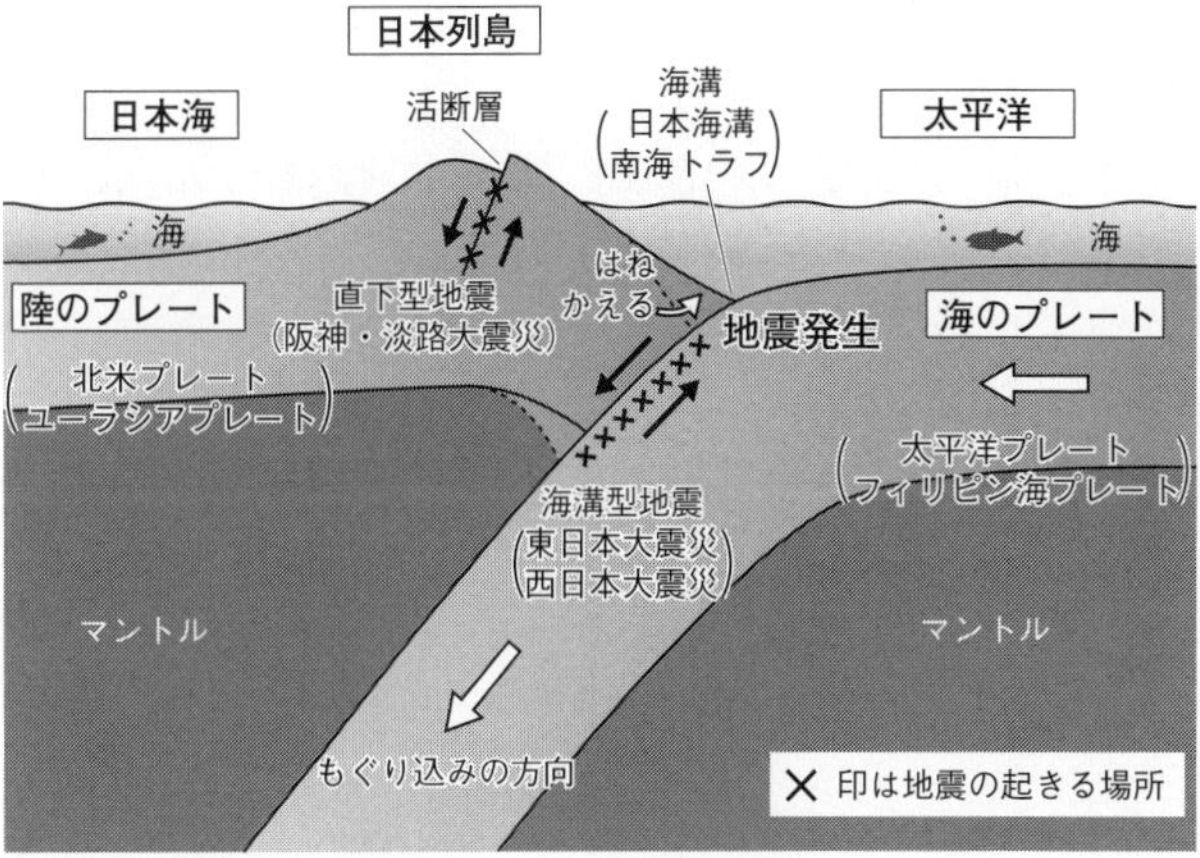

図1　直下型地震と海溝型地震の起きる場所とプレートの動き。筆者作成。

六四〇〇人以上の犠牲者を出した阪神・淡路大震災はその一例である。直下型地震はM７クラスの地震であり、主に活断層が繰り返し動くことで発生する。

直下型地震の重要な特徴は震源が浅いところで起きることだ。その結果、発生直後から大きな揺れが襲ってくるので、逃げる暇がほとんどない。さらに阪神・淡路大震災のように大都市で発生すると、建造物の倒壊などで多数の人命を奪う災害をもたらす。その意味では直下型地震は非常に厄介な地震なのである。

●首都直下地震という巨大リスク

いかに大きな地震でも、人が住んでいなければ災害は起こらない。あるいは壊れて来るものがなければ被害は最小限に抑えられる。これと反対に、さして大きくない地震でも、ビルが密集し人がごった返している場所で起きると、甚大な被害が発生する。

その中でも最も危険な場所が東京を含む首都圏である。首都圏も東北地方と同じ北米プレートと呼ばれる陸のプレート上にあるため、活発化した内陸型地震が起こる可能性が十分にある。ここでM7クラスの直下型地震が発生することが、我が国最大の懸念材料なのである。

かつて首都圏で地震による甚大被害があったことが記録に残っている。幕末期の一八五五年に東京湾北部で安政江戸地震が発生した。これはM6・9という典型的な直下型地震で、四〇〇〇人以上の死者が出た。

最近では二〇〇五年七月にM6の直下型地震が発生し、首都東部が震度5強の強い揺れに見舞われた。電車が五時間以上もストップした。ちょうど土曜日だったこともあり、駅には遊びに来ていた家族連れなどが溢れかえり皆一様に疲労困憊《ひろうこんぱい》していた。

国の中央防災会議は、首都圏でM7クラスの直下型地震が起こった場合の被害を予測している。それによると、二万三〇〇〇人の死者、全壊および焼失家屋六一万棟、九五兆円の経済被害が出るという。

「3・11」以後の東日本の内陸部では、首都圏も含めて直下型地震が起きる確率が高まった。関東南部では四年以上経過した現在でも地震活動が止むことがない。そして東京周辺ではM3以上の地震の発生頻度が高いペースで続いている。

具体的に見ると、震災直後に地震の発生頻度は通常の一〇倍まで跳ね上がったのだが、その後も二倍程度のペースで起きており減少しない。地震発生も言わばロングテールの状況に入り、数十年は続くという根拠にもなっている。

●地震の起こらない場所は、ない

私が講演会で地震について話をすると、必ず「地震が来ない場所を教えてください」という質問が出る。しかし我が国には安全を約束できる場所はまったくない。日本はどこでも地震から逃れられないという理由をここで述べておこう。

日本列島には「活断層」が全部で二〇〇〇本以上ある。これらはいずれも何回も繰り返して動き、そのたびに地震を発生させてきた（23ページ図1）。つまり、活断層が見つかったら、そこで過去に何百回も地震が起きていたことを示している。

活断層が動く周期は千年から一万年に一回くらいであり、人間の尺度と比べると非常に長いという特徴を持つ。地球上では、断層が一回だけ動いて、あとは全然動かないということはありえない。一回動く断層は何千回も動くものだ。これは自然現象の掟《おきて》である。

これまで非常によく動いてきた断層は、これからも頻繁に動く可能性が高い。他方、それほど動かなかった断層は、今後もあまり活発には動かない。研究者はこうした特徴を個々の断層ごとに調査している。そして国の地震調査委員会は、二〇〇〇本以上ある活断層の中から、特に大きな地震災害を起こしてきた一〇〇本ほどの活断層の動きを注視してきた。

●活断層とは何か

ところで、活断層はどのようにして見つけるのかを述べておこう。最初に、空中写真によって真上から撮影した地形をくわしく判読することから調査が始まる。断層は直線状に岩盤を割るので、一直線に延びる崖《がけ》として残されている。こうした崖に沿って地下に活断層が走っているのだ。

　また、活断層の上を川が横切っている場合に、何本もの川がある線を境にして曲がっている。たとえば、複数の川が同じ方向を向いて屈曲《くっきょく》している。この屈曲地点を結ぶ線の地下に、一本の活断層が隠れているのである。

　こうした大まかな情報を得たあとに、今度は実際に現場を歩いてみて、地面がずれている証拠を見つける。地層の縞状の模様がずれている箇所をくわしく観察していくのである。

　特に、新しく堆積した地層を断ち切っているところに活断層がある。なお、我々地球科学者が「新しく堆積した」と言う場合、だいたい十三万年くらい前以降のことを指す。

　さて、活断層が地上に出ると崖などの地形に現れるが、地下に隠れている場合もある。「伏在断層《ふくざい》」と呼ばれるものだが、このような埋もれた活断層を見つけることも大変重要である。経験的には、M3以下の小さな地震が頻発する場所が直線上に連なっていると、その地下に伏在断層が隠れている可能性がある。

　また、地表で重力を精密に測定することによって、地下の岩盤に断差がある場所が見つかる。さらに、人工の地震を発生させて地震波の反射を観察し、岩盤のずれを見つけ出す。

　こうした手法のほか、ボーリングという地面を掘る作業でも、岩盤がずれている場所とずれの量を確認する。地下に埋もれた活断層は、このような大がかりな調査（物理探査という）

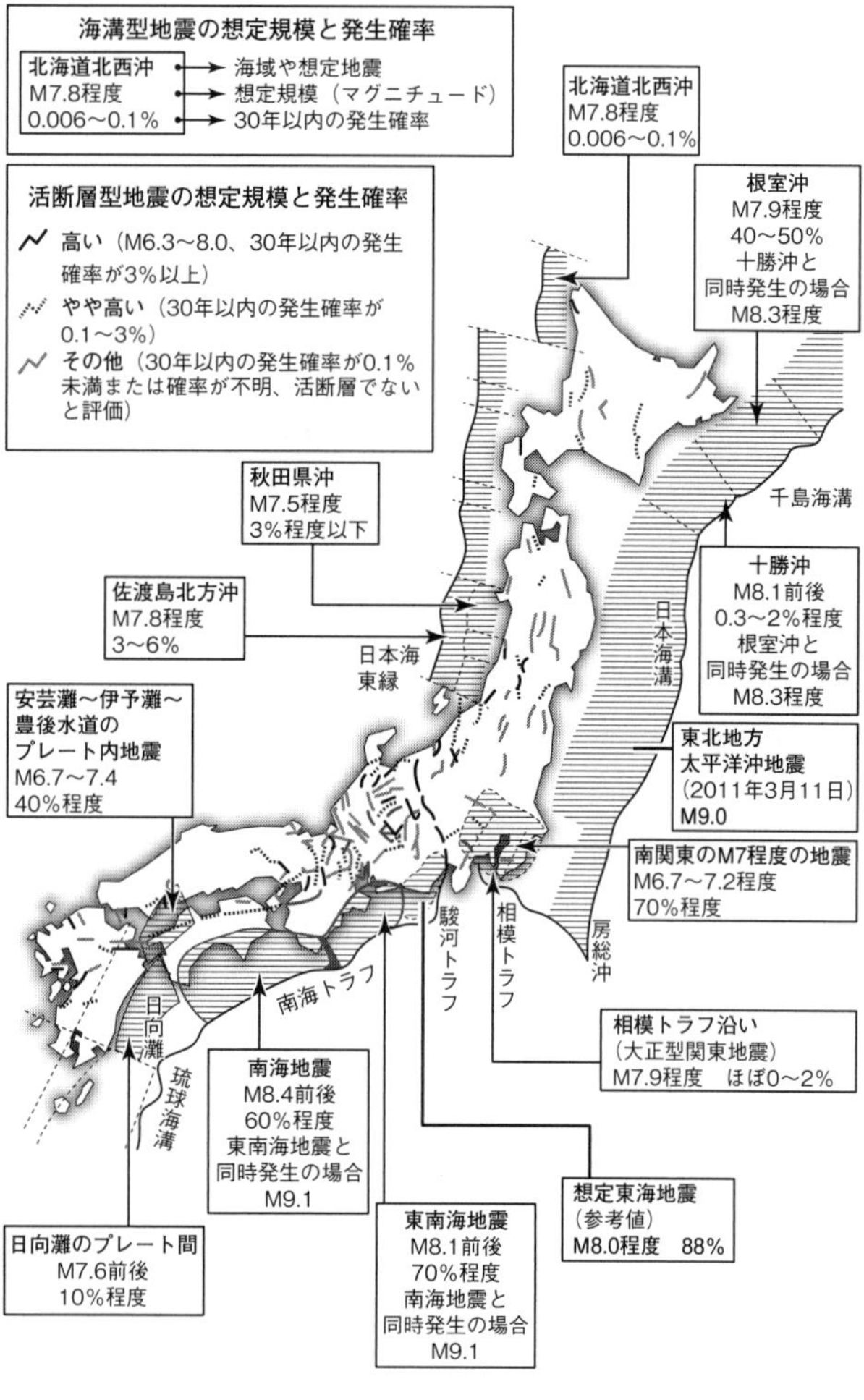

図2　日本列島で予想される大型地震の震源域・想定規模・発生確率。筆者作成。

によって発見されるのである。

活断層が、現在の地図に記されているもの以外にも、たくさん存在することはぜひ知っておいていただきたい。調査をすればするほど、日本列島では新たに活断層が見つかってくるからだ（図2）。したがって、自分の今住んでいるところに活断層が報告されていないからといって、必ずしも安心はできないのである。

●予測できない陸の地震

我々は地球の歴史四十六億年を対象にしているので、一千年前くらいはごく最近のことと見做《みな》す。たとえば、二千万年前以後の日本列島の動きは、特にくわしく調べられている。この頃から列島はユーラシア大陸から分離し、独特の歴史を歩んできたことがわかっている。

一九九五年に起きた阪神・淡路大震災のあとから、日本の全域で高感度の地震計や全地球測位システム（GPS）などの観測網が整備された。しかし、日本列島の歴史から見ると瞬《まばた》きのような数年という時間単位での解析は、実際には不可能である。つまり、今から数ヶ月先、数年先という現実的な予測となると、話は急に難しくなるのだ。

一つ例を挙げると、「3・11」から始まった、地面が引っ張られることで発生する地震がどこに起きるかは、まったく予測がつかない。言わば「ロシアン・ルーレット」の状態である。それを物語るように、「3・11」以前は地震の空白地帯であった地域も、それ以降は地震の頻発地になっている。今後もそのような場所が次々と現れてくるだろう。

●三つの「想定外」

地球科学では統計学に基づいてデータを解析する。過去のデータは非常に重要な判断材料となる。しかし、日本で地震や地殻変動の観測が始まったのは、明治時代の後半からである。その観測結果がたかだか百年分では、今回のように一千年ぶりの地震に対する推移の予測は極めて困難となる。

東日本大震災は宮城県の沖合で西暦八六九年に起きた貞観地震の再来である。最近の研究でこの貞観地震の規模はM8・4と推定されていたが、実際には「3・11」ではM9・0という巨大地震が起きてしまった。つまり、地震学者がM9が発生すると想定しなかったことが、科学の限界を端的に表している。

その結果、「3・11」以来、科学の世界に「想定外」という言葉が氾濫《はんらん》し、混乱を極めている。予測できなかったことをすべて「想定外」と言って責任を回避しようとする傾向がある一方、「安易に想定外と言うのは無責任だ」という反論も渦巻いている。この結果、科学は何も予測できないという不信感が生じて、大事な科学的情報が伝わらないという危機的な状況が生まれている。

ここで「想定外」について頭を冷やしてじっくりと検討してみよう。私は三つの「想定外」があると考える。

●第一の想定外：正常性バイアス

想定外の一つ目は、「3・11」のように想定していなかったM9の巨大地震が起きたことに関してである。われわれ地球科学者は、「3・11」の七年前に起きた巨大地震の存在を知っていた。すなわち、二〇〇四年十二月にインド洋のスマトラ島沖で発生したM9・1の巨大地震である。同時に巨大な津波が発生し、インド洋全域で二五万人を超える犠牲者を出した。

しかし、私を含めて地球科学者の全員が、よもや日本列島で近々M9クラスの巨大地震が起きるとは予想だにしていなかった。これは心理学で「正常性バイアス」や「正常化の偏見」と呼ばれる現象で、「自分だけは大丈夫」と思い込んでいたのである。

確かに、貞観地震の存在は文献で知ってはいたが、千百年も昔の地震が再来するとは予測できなかった。このように学界に知識としてはあったが、自分たちの生きている時代に起きるとは考えなかったことによって生じた悲劇が、第一の「想定外」である。

実際、東日本大震災の前に地震学者は太平洋側でM7・5の宮城県沖地震が、発生確率九九%で起きると想定していた。これはM7クラスなので今となっては小さく感じられるが、当時は大地震というイメージで捉えられていた。

実は、「3・11」以前はM7クラスの地震が単独で起きても「○○大震災」と名前が付けられるほどの大きな地震だったのだ。換言すれば「3・11」以後は地震の規模がインフレーションを起こしているとも言えよう。

「3・11」の前に予測されていたのは、三十年ほどに一回起こる地震に過ぎなかった。こうした約三十年周期の地震と、今回のような千年に一回という稀《まれ》な巨大地震とでは、規模がまったく異なる。

もし「3・11」が、かつて宮城県沖で予測されていた三十年に一度の地震であれば、余震は数ヶ月ほどで終息していただろう。しかしM9という巨大地震によって、日本列島では「大地変動の時代」が始まってしまったのである。

こうした第一の「想定外」は今後あってはならないので、3・11後の災害予測では最悪のケースを想定するようになっている。

●第二の想定外：未知の活断層

二つ目は、地下に埋もれている活断層による直下型地震の直接災害である。直下型地震は陸上の活断層が起こすため、日本列島に存在する約一〇〇本のもっとも活動的な活断層が精査されている。

過去に繰り返し地震を発生させてきたことは、古文書に大地震の記録として残されている。これらは「歴史地震」と呼ばれているが、年代・地震の規模・被害状況などが文書記録の解読によって次第に明らかにされている。

これら活断層の情報は、何年もかけて詳細な地質調査と古文書記録の解読を行うことによって判明したものである。一方で、広大な日本列島には「未知の活断層」が隠れている。地球科学者ががんばって調べれば調べるほど、次から次へと新しい活断層が見つかってきてきりがない。

困ったことに、地震の発生後に活断層が発見された報告も珍しいことではない。事実、近年起きた直下型地震のいくつかは、まったく知られていない活断層が引き起こしたものだった。たとえば、二〇〇〇年の鳥取県西部地震や二〇〇八年の岩手・宮城内陸地震は、それまで未知であった活断層が動いたものだ。

予算と研究者不足などの制約によって活断層の調査が不十分なため、専門家にとっても想定外の災害が、日本列島ではいつ起きても不思議ではない。山野に隠れていた未知の活断層が直下型地震を起こした例も少なくないので、私はどこで新しく活断層が発見されても、またどこで直下型地震が起きてもまったく驚かなくなっている。

非常に困ったことに、大都市など沖積層に覆われた低地の下に埋もれている活断層は、ほとんど調査が進んでいない。山野と大都市では被害の規模が全く異なることは容易に想像できよう。都市の下に隠れている活断層が動くと甚大災害をもたらすが、これが第二の「想定外」なのである。この想定外は今後の活断層調査が劇的に進展しない限り解消できないことを、我々は「想定」しておく必要がある。

●第三の想定外：複雑系

三つ目は、地震現象そのものに関する「想定外」である。地震は地下の岩盤が大きくずれることによって発生する。日本列島の地面に絶えず巨大な力が加わっているので、これが何千年かに一回解放されて地震を起こす。この時に、岩盤のどこが割れるか、また何月何日に割れるかは全く予測できない。

たとえば、一本の割り箸を両手で持って、力を加えて折る場合を考えてみよう。徐々に力を加えてゆくといつかボキッと折れるが、割り箸のどこで折れるか、またいつ折れるかを予測するのは非常に困難である。

その理由は、割り箸のように天然の木材は分子が絡み合っているため、極めて複雑な応答をするからである。こうした現象は物理学で「複雑系」と呼ばれており、超高速のコンピュータを用いても予測困難である。地震現象もこうした複雑系の一つであり、そのために実用的な地震予知ができないのだ。

活断層が周期的にずれることによって発生する直下型地震も、地震を起こす周期は数千年という非常に長いスパンで起きる。そして、その誤差は数十年から数百年もある。よって、社会が要請するような何月何日何時に地震が起きるという予知は、もともと無理なのだ。これが第三の「想定外」なのである。

ここに述べたように、地震の世界には三つの想定外が存在する。この想定外はたとえ地球科学が大進歩を遂げたとしても、予測の前提であり続けるはずである。したがって、予測を行う際には、どのような限界があり、逆にどこまでは使えるのか、よく見極めなければならない。複雑系世界の代表ともいえる地球を扱う地球科学は、物理学や化学に比べると非常に不利な状況で科学を進めているのである。

こうした中で、ほとんど唯一予測が可能なものが「西日本大震災」（南海トラフ巨大地震）なのだが、これについて次章で詳しく述べよう。

第二章　西日本大震災は必ず起きる

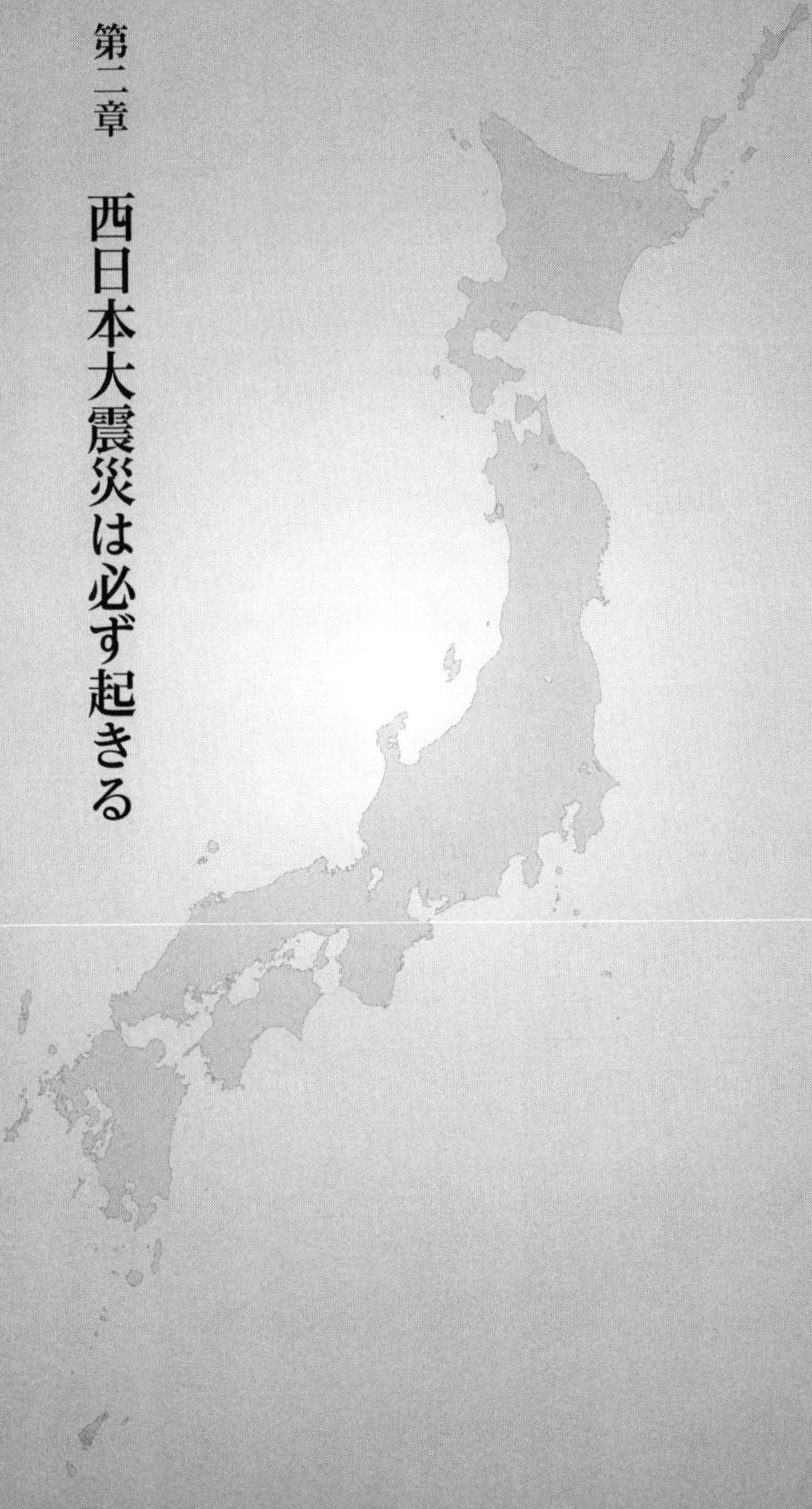

●三つの巨大地震が発生する確率

政府の地震調査委員会は、日本列島でこれから起きる可能性のある地震の発生予測を公表している。全国の地震学者が集まり、日本に被害を及ぼす地震の長期評価を行っている。今後三十年以内に大地震が起きる確率を、各地の地震ごとに予測している。

たとえば、今世紀の半ばまでに、太平洋岸の海域で、東海地震、東南海地震、南海地震という三つの巨大地震が発生すると予測している。すなわち、東海地方から首都圏までを襲うと考えられている東海地震、また中部から近畿・四国にかけての広大な地域に被害が予想される東南海地震と南海地震である。

これらが三十年以内に発生する確率は、M８・０の東海地震が八八％、M８・１の東南海地震が七〇％、M８・４の南海地震が六〇％という高い数値である。しかもそれらの数字は毎年更新され、少しずつ上昇しているのである。今世紀の半ばまでには必ず発生すると断言しても過言ではない。

地震の発生予測では二つのことを予測している。一つは今から数十年間において、何％の確率で起きるのかである。巨大地震は「プレート」と呼ばれる二枚の厚い岩板の運動によって起きる。プレートが動くと他のプレートとの境目に、エネルギーが蓄積される（23ページ図1）。

この蓄積が限界に達し、非常に短い時間で放出されると巨大地震となるのだ。プレートが動く速さはほぼ一定なので、巨大地震は周期的に起きる傾向がある。この周期性を利用して、発生確率を算出するのである。

たとえば百年くらいの間隔で地震が起きる場所を考えてみよう。基準日（現在）が平均間隔百年の中ほどに入っているケース、つまり、銀行の定期預金にたとえればまだ満期でない場合に、発生の確率は低くなる。しかし、基準日が満期に近づくと、確率は高くなる。実際には確率論や数値シミュレーションも使って複雑な計算を行うのである。

もう一つはどれだけの大きさ、つまりマグニチュードいくつの地震が発生するのかである。こちらは、過去に繰り返し発生した地震がつくった断層の面積と、ずれた量などから算出される。

こうして三十年以内に発生する確率予測が出されるのだが、これはコンピュータが計算するので誰がやっても同じ答えが出る。逆に言うと、人間の判断が入る余地が生じないので、国としてはこうした情報を出したがるとも言えよう。

●「西日本大震災」という時限爆弾

今後三十年以内に地震が起きる確率に対して、以下で述べる予測には人間の判断が入っている。過去の地震に関するあらゆる観測情報を総合判断して行う予測である。

近代地震学が我が国に導入されて地震観測が始まったのは、明治になってからである。それ以前の地震については観測データがないので、古文書などを調べて、起きた年代や震源域を推定している。

その結果、我々が最も懸念する地震は、これから西日本の太平洋沿岸で確実に起きると考えられる巨大地震である。

過去には東海から四国までの沖合いで、海溝型の巨大地震が、比較的規則正しく起きてきた。こうした海の地震は、おおよそいつ頃に起きそうかを計算できる。この点が、数千年の周期を持ち、いつ動くとも動かないともわからない活断層が引き起こす直下型地震と大きく異なる。

そして巨大地震の予想される震源域は、太平洋沖の「南海トラフ」と呼ばれる海底にある（28ページ図2）。「3・11」の主役は太平洋プレートだったが、次回の主役はその西隣りにあるフィリピン海プレートである。南海トラフとはフィリピン海プレートが西日本の陸地に沈み込む、いわば海のプレートの旅の終着点である。

なお、太平洋プレートの終着点は「日本海溝」や「伊豆・小笠原《おがさわら》海溝」であり、フィリピン海プレートの終着点は「南海トラフ」なのである。ここで「海溝」と「トラフ」と異なる用語が用いられているが、言葉の違いについて説明しておこう。

トラフは日本語では「舟状海盆《しゅうじょうかいぼん》」である。読んで字のごとく舟の底のような海の盆地だ。トラフでは海のプレートが海底になだらかな舟状の凹地形《おうちけい》をつくりながら、日本列島の下に沈み込んでいく。それに対して、海溝はプレートが急勾配で沈み込んでいく場所にできる深く切り立った溝である。

海溝もトラフもプレートの終着点にできるが、地形の違いによって名前を分けるというのが、地球科学のしきたりなのだ。ちなみに、トラフと名付けられたものは他にも沖縄トラフ、相模《さがみ》トラフ、駿河《するが》トラフなどがある（図2）。

また海溝としてはマリアナ海溝、千島海溝、琉球海溝などがある。いずれも「3・11」以後の新聞や雑誌によく出てくる地名なので、既にお馴染《なじ》みとなっているかもしれない。

さて、南海トラフの海域で起こる東海地震・東南海地震・南海地震の三つの活動史について具体的に見てゆこう。

歴史を繙《ひもと》くと、南海トラフ沿いの巨大地震は、九十~百五十年間おきに発生してきた。やや不規則ではあるが、緩い周期性があることがわかっている。こうした時間スパンの中で、三回に一回は超弩級《ちょうどきゅう》の地震が発生してきた。

その例としては、一七〇七年の宝永《ほうえい》地震と、一三六一年の正平《しょうへい》地震、八八七年の仁和《にんな》地震が知られている。過去の西日本では三百~五百年間隔で巨大地震が起きていた。

実は、近い将来に南海トラフ沿いで起きる巨大地震は、この三回に一回の番に当たっている。すなわち、東海・東南海・南海の三つが同時発生する「連動型地震」というシナリオである。これらの震源域は極めて広いので、首都圏から九州までの広域に甚大な被害を与えると想定されている。

具体的に地震の規模を見てみよう。一七〇七年宝永地震の規模はM8・6だったが、これから起きる連動型地震はM9・1と予測されている。すなわち、今回の東北の地震に匹敵するような巨大地震が西日本で予想されるのである。

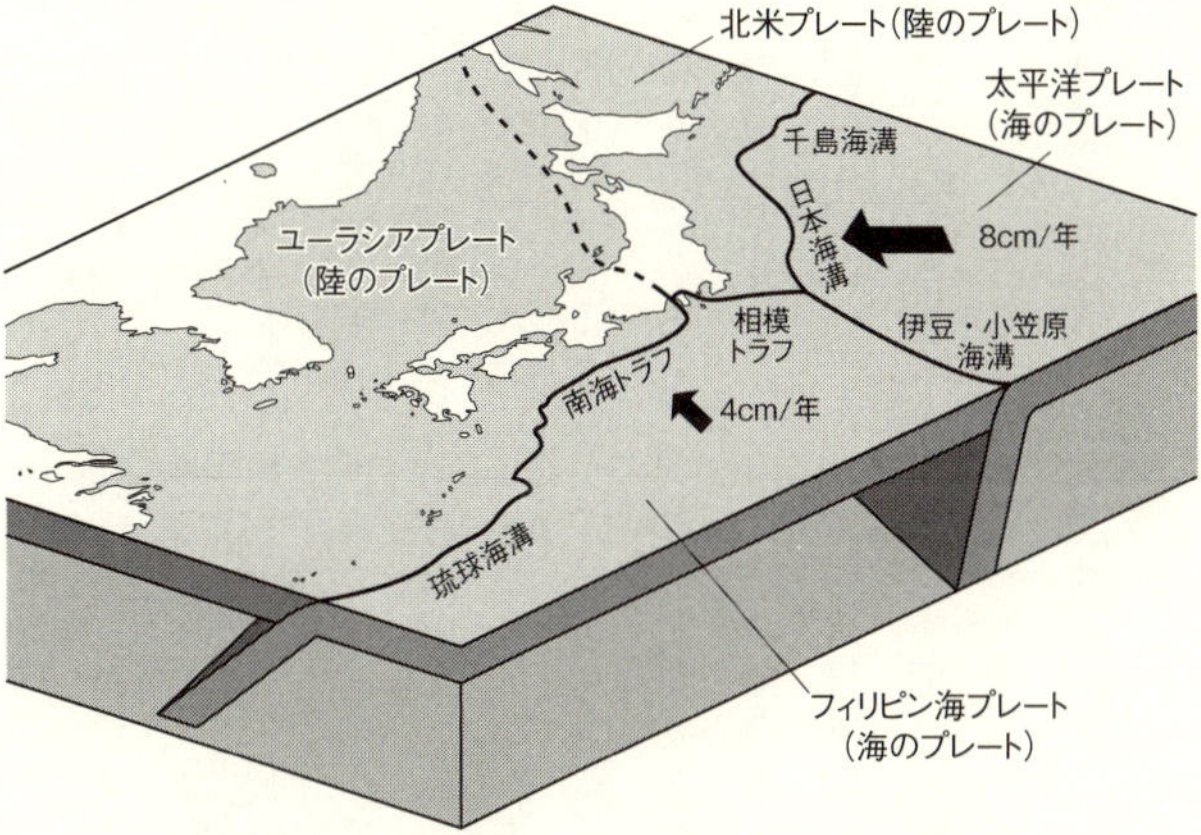

図3　日本列島の周囲にあるプレート。矢印はプレートの進行方向と速度。

●東海・東南海・南海地震が起きるメカニズム

我が国の地震はプレートが日本列島の下へもぐり込むことによって発生する。ここで東海・東南海・南海地震が起きるメカニズムについて説明しておこう。巨大地震の発生は「プレート・テクトニクス」という地球科学の基本理論で説明される。

日本列島には太平洋から「海のプレート」が押し寄せている（23ページ図1）。日本列島の南には太平洋プレートとフィリピン海プレートという二つの海のプレートがある（図3）。

このうち太平洋プレートは、年に八センチメートルという人の爪が伸びるほどの速さで陸側へ動いている。一方、フィリピン海プレートは年に四センチメートルという速さで陸側へ動いている。また後者は、約一〇〇キロメートル沖合にある南海トラフという凹地《おうち》から、ユーラシアプレートという「陸のプレート」の下へ沈み込んでいる。

特に、東日本では太平洋プレートが、東北地方を乗せた北米プレートの下へもぐり込んでいるのだが、海底が凹んだ海溝の下でときどき反発が起きる。この時に巨大地震が起こるので「海溝型地震」とも呼ばれている。

これら二つのプレートの境目で蓄積された歪《ひず》みが限界に達すると、耐えきれなくなった接合部分から一気に壊れて、巨大地震が発生するのだ。そして海溝型地震は、大きな津波をともなう特徴がある。東日本大震災で多くの犠牲者を出したのは太平洋プレートと北米プレートの境目で発生した巨大津波である。

同様に、東京よりも西の西日本では、フィリピン海プレートとユーラシアプレートの境界部に当たる南海トラフの直下で、巨大地震と巨大津波が発生する。

●地震の直後に巨大津波が襲う

南海トラフ沿いの海域では、過去にもM８クラスの巨大地震が発生し、数十メートルを超える津波が至るところを襲った。津波とは海から大量の水が押し寄せて陸上を駆け上がる現象である。海上で表面がうねる波とは異なり、海底から海面までの水全体が横方向に移動する巨大な「波の壁」である。

プレートの跳ね返りとともに海底が隆起し、付近の海水が急激に持ち上がり、海面が数メートル以上も上昇する。これが最後に巨大な水の塊となって陸へ押し寄せるのだ。

津波が移動する速さは、陸へ近づくに従って変化する。沖合では時速一〇〇〇キロメートルというジェット機が飛ぶ速度で移動するが、陸に近づくと時速数十キロメートルまで減速する。その結果、後ろからやってきた津波が前の波に追いついて、波の高さがどんどん高くなる。よって、沖合ではさほど高くは見えなかった津波も、沿岸に近づくと巨大な波となって襲ってくるのである。

●「三連動地震」が起きる順番

南海トラフ上の三つの地震は、比較的短い間に連続して活動することもわかっている。そして三連動地震には起きる順番がある。すなわち、名古屋沖の東南海地震→静岡沖の東海地震→四国沖の南海地震の順に発生するのである。

具体的に過去の起き方を見てみよう。前回の一九四六年（昭和二一年）には東南海地震（一九四四年）のあと南海地震が二年の時間差で発生した。また、前々回の一八五四年（安政元年）には、同じ場所が三十二時間の時間差で活動した。さらに三回前の一七〇七年（宝永四年）では、三つの場所が数十秒のうちに活動したと推定されている。

こうした事例は、今後の対策にも非常に参考になる。すなわち、名古屋沖で地震が起きてから準備しようと思っても、間に合わない場合がある。もし数十秒の差で地震が次々と発生しては、対応のしようがほとんどないだろう。

さらに、理由はわかっていないが、過去の例では冬に発生する確率が高いこと、また南海トラフ沿いの巨大地震が起きる五十年ほど前から、日本列島の内陸部で地震が頻発するようになる、といった事実も判明してきた。

事実、二十世紀の終わり頃から内陸部で起きる地震が増加している。たとえば、一九九五年に阪神・淡路大震災を引き起こした兵庫県南部地震のあと、二〇〇四年の新潟県中越地震、二〇〇五年の福岡県西方沖地震、二〇〇八年の岩手・宮城内陸地震などの地震が次々に起きている。

なお、南海トラフで起きる巨大地震の連動は、東日本大震災が誘発するものではなく、独立して起きる可能性が高い。

というのは、今回の地震を起こした太平洋プレートと、三連動地震を起こすフィリピン海プレートの二つのプレートは、別の方向に移動しており、沈み込む速度も異なるからだ。言うなれば、別の方向に動く「畳」と、別の時計を持った「畳」の話だからである。

●南海トラフ巨大地震はいつ起きるか

南海トラフ巨大地震の規模は、過去に起きた同様の例から予想されている。前回の記録は、約三百年前に起きた宝永地震である。これは連動型地震でその規模はM8・6であった。そして次回に予測されている南海トラフ巨大地震はM9・1であり、東日本大震災のM9・0に匹敵する巨大地震が今度は西日本で起きるのだ。

さらに、こうした巨大地震の起きるおおよその時期が、過去の経験則やシミュレーションの結果から予測されている。先に結論を述べると、地震学者たちは西暦二〇三〇年代には起きると予測しており、私自身も二〇四〇年までには確実に起きると考えている。

二〇三〇年代に起きるという予測は以下の事実から導かれる。まず、南海地震が起きると地盤が規則的に上下するという現象に注目する。

南海地震の前後で土地の上下変動の大きさを調べてみると、一回の地震で大きく隆起するほど、そこでの次の地震までの時間が長くなる、という規則性がある。これを利用すれば、次に南海地震が起きる時期を予想できるのだ。

具体的には、高知県・室戸岬の北西にある室津港のデータを解析する。地震前後の地盤の上下変位量を見ると、一七〇七年の地震では一・八メートル、一八五四年の地震では一・二メートル、一九四六年の地震では一・一五メートル、それぞれ隆起した（**図4の下図**）。

すなわち、室津港は南海地震のあとでゆっくりと地盤沈下が始まって、港は次第に深くなりつつあった。そして、南海地震が発生すると、今度は大きく隆起した。その結果、港が浅くなって漁船が出入りできなくなったのである。こうした現象が起きていたことから、江戸時代の頃から室津港で暮らす漁師たちは、港の水深を測る習慣がついていたのだ。

もう一度、図4の下図を見ていただこう。図で年号の上に伸びている縦の直線は、その年に起きた巨大地震によって地面が隆起した量を表している。一七〇七年では一・八メートル

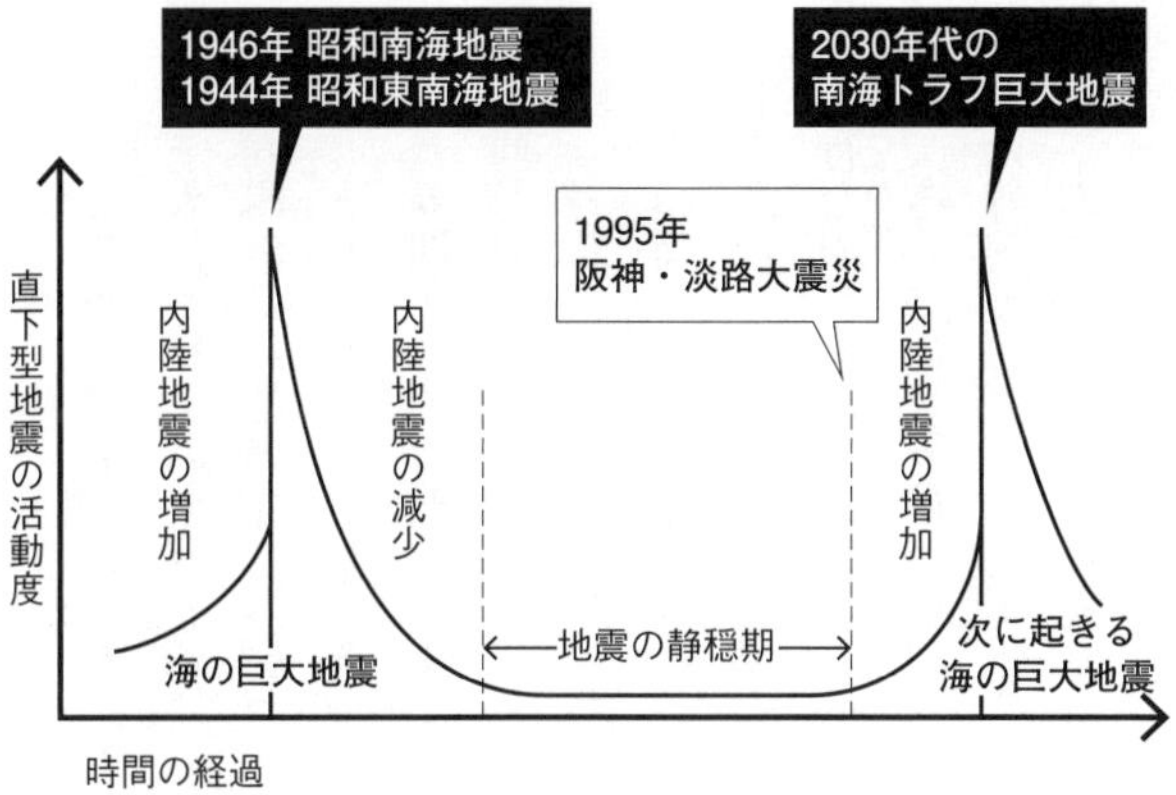

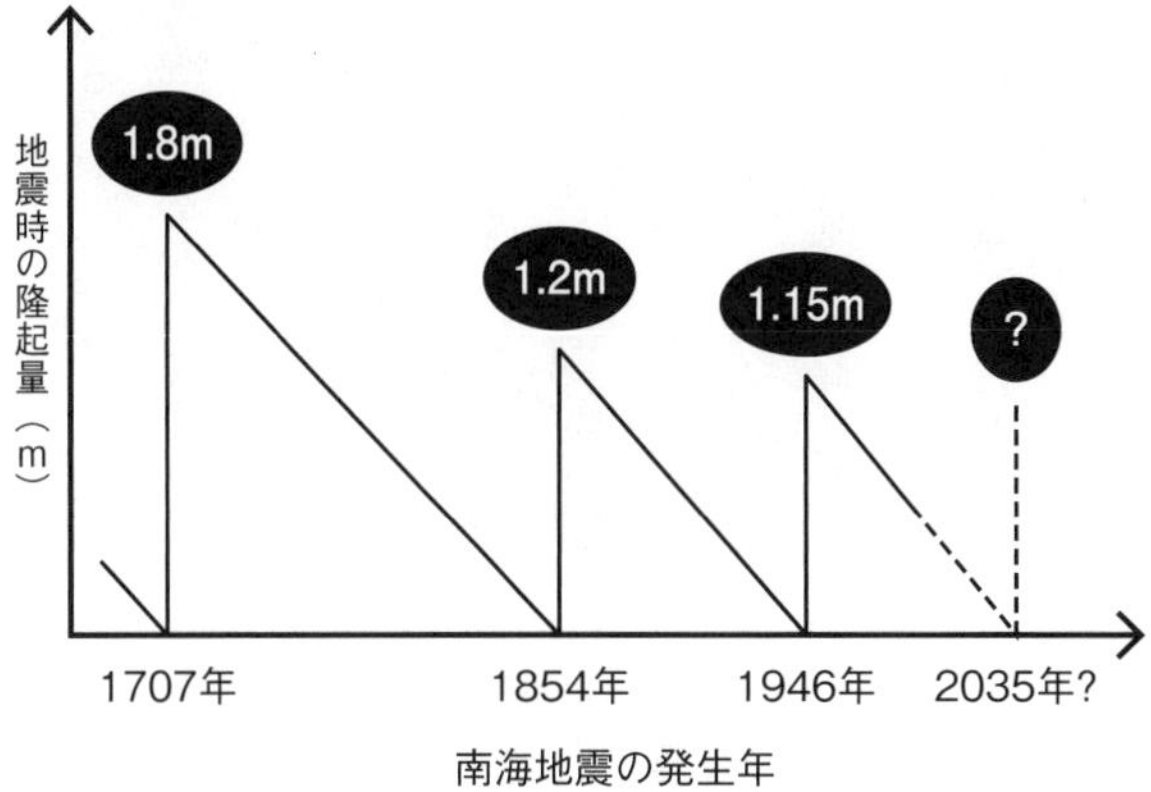

図4　(上図):海の巨大地震が繰り返すサイクルと直下型地震。(下図):南海地震の年代と隆起量。室津港では南海地震の後に地盤沈下が始まり、次の南海地震で隆起した。いずれも筆者作成。

が隆起した。

さらに、ここから右下へ斜めの直線が続いているが、これは一・八メートル隆起した地面が時間とともに少しずつ沈降したことを意味する。その後、毎年同じ割合で低くなってゆき、一八五四年に最初の高さへ戻ったことを示している。

つまり、一七〇七年にプレートの跳ね返りによって数十秒で一・八メートルも隆起した地盤が、一八五四年まで百四十七年間という長い時間をかけて、やっと元に戻ったのである。

これと同じ現象は、一八五四年と一九四六年の巨大地震でも起きている。ただし、一八五四年には一・二メートル、一九四六年では一・一五メートルと、隆起量は少し異なる。

実は、この図には重要な事実が隠れている。先ほど述べた右下へ続く斜めの線を見ると、一七〇七年から一八五四年まで、そして一八五四年から一九四六年まで、という二本の斜め線が、平行なのである。このことは、巨大地震によって地盤が隆起した後、同じ速度で地面が沈降してきたことを意味する。

こうした等速度の沈降が南海トラフ巨大地震に伴う性質であると考えて、将来に適用してみよう。ここには、一回の地震で大きく隆起するほど次の地震までの時間が長くなる、という規則性がある。これを応用すれば、長期的な発生予測が可能なのだ。「過去は未来を解く鍵」を今回も活用するのである。

この現象は、海溝型地震による地盤沈下からの「リバウンド隆起」と呼ばれている。すなわち、一七〇七年のリバウンド隆起は一・八メートル、また一九四六年のリバウンド隆起は一・一五メートルだった。そして現在にもっとも近い巨大地震の隆起量一・一五メートルから、次の地震の発生時期を予測する。

一九四六年から等速度で沈降すると、ゼロに戻る時期は二〇三五年と求められる（図4の下図）。こうした数字には誤差が付くものなので、約五年の幅を見込んで、二〇三〇年から二〇四〇年の間に南海トラフ巨大地震が発生すると予測したのである。

二番目には、地震の活動期と静穏期の周期から、次の巨大地震の時期を推定する方法である。西日本では交互に活動期と静穏期がやってくることがわかっており、現在は活動期に含まれている（図4の上図）。

たとえば、一九九五年の兵庫県南部地震（阪神・淡路大震災）は、ちょうど活動期に入った時期である。経験的に、南海地震発生の六〇年くらい前と、発生後の一〇年くらいの間に、西日本では内陸の活断層が動き、地震発生数が多くなる傾向がある。これを利用して、次に来る南海地震が予測できる。

まず、過去の活動期の地震の起こり方のパターンを統計学的に求め、それを最近の地震活動のデータに当てはめてみると、次の南海地震は二〇三〇年代後半になると予測される。地震の繰り返しを基にして、これまで観測された地震活動の統計モデルから次の南海地震が起こる時期を予測すると、二〇三八年ころになる。

ところで、この予測方法は、プレートの跳ね返りが原因で起きる海溝型地震と、陸上の活断層と関係する直下型地震の両者から求めるので、理解するのがなかなか難しい。この方法のポイントは数多く発生した地震からパターンを把握し、未来を予測することにある（**図4の上図**）。言わば、ここでも「過去は未来を解く鍵」を使っているのである。

さて、二〇三八年頃という年代は、前回の南海地震からの休止期間を考えても妥当な時期である。前回の活動は一九四六年であり、前々回の一八五四年から九十二年後に発生した。

これは、南海地震が繰り返してきた単純平均の間隔が約百十年であることから見ると、少し短い間隔だ。しかし、今後も最短で起きるという前提で準備することにすると、一九四六年に最短の九十二年を加えると二〇三八年となるので、あながち不自然な数字ではない。ちなみに、地震学者の尾池和夫博士（京都大学元総長）の結論もこの範囲にある（尾池和夫著『2038年南海トラフの巨大地震』マニュアルハウス）。

こうした異なる種類のデータを用いて求められた次の南海地震の発生時期は、二〇三〇年代と予測される。したがって、二〇三〇年以降からはいつ起きてもおかしくない状態になる、と考えて準備するのが妥当ではないか、と私は考えている。

ちなみに、南海トラフ巨大地震の予測では周期という考え方を使っているが、富士山など活火山の噴火に関して再来周期をだいぶ過ぎているという状況とは異なる。巨大地震の発生時に起きるリバウンド隆起のあと、地盤沈下が等速度で進行しているため、時期をある程度特定した予測が可能なのである。

言わば、富士山噴火の周期には物理モデルがないのに対して、南海トラフ巨大地震では規則性を持つ物理モデルがあるので（図4の下図）、こうした予測が可能となっている。

なお、南海トラフ巨大地震の発生を、日時の単位で正確に予測することは今の技術では全く不可能である。巷《ちまた》では「何年何月何日」に巨大地震を予知したというニュースが流れることがあるが、科学的には全く根拠がない。

ちなみに、地震学では予知現象の一つとして、巨大地震の前に少しプレートが滑《すべ》る現象が知られている。「プレスリップ」と呼ばれる滑り現象だが、これをつかまえようと日々二十四時間体制で観測が続けられている。

だが、「3・11」ではM9という巨大地震が起きたが、こうしたプレスリップは確認されなかった。そして東海地震を予知するために海底に設置された歪《ひず》み計は、これまでのところ特に何の変化も示していない。

南海トラフ巨大地震の発生前にプレスリップが観測されるかどうかは、現在でも研究中の最先端の課題である。地球科学者には未知の現象がまだ山積しているのである。

●南海トラフ巨大地震の災害予測

現在、国は「想定外をなくせ」という合い言葉のもとに、南海トラフ巨大地震で起こりうる災害を定量的に予測している。中央防災会議が行った被害想定では、東北地方太平洋沖地震を超えるM9・1、また海岸を襲う最大の津波高は三四メートルに達する。加えて、南海トラフは海岸に近いので、一番早いところでは二分後に巨大津波が海岸を襲うのだ。

地震災害としては、九州から関東までの広い範囲に震度6弱以上の大揺れをもたらす。特に、震度7を被《こうむ》る地域は一〇県にまたがる総計一五一市区町村に及ぶ。その結果、犠牲者の総数三二万人、全壊する建物二三八万棟、津波によって浸水する面積は約一〇〇〇平方キロメートル、という途方もない被害が予想されている。

南海トラフ巨大地震が太平洋ベルト地帯を直撃することは確実だ。被災地域が産業・経済の中心地にあることを考えると、東日本大震災よりも一桁大きい災害になる可能性が高い。すなわち、人口の半分近い六〇〇〇万人が深刻な影響を受ける「西日本大震災」である。

経済的な被害総額に関しては二二〇兆円を超えると試算されている。たとえば、東日本大震災の被害総額の試算は二〇兆円ほど、ＧＤＰでは三パーセント程度だった。西日本大震災の被害予想がそれらの一〇倍以上になることは必定なのである。

●九世紀と酷似する日本列島

南海トラフ巨大地震の発生が確実視される二十一世紀は、日本史の中でも特異な時代として記録されるのではないか。というのは、地球科学的には同じように異常だった九世紀の日本と酷似しているからである。

地球科学では地層に残された巨大津波の痕跡や、地震を記録した古文書から、将来の日本列島で起こりうる災害の規模と時期を推定している。これに従って、九世紀の日本で何が起

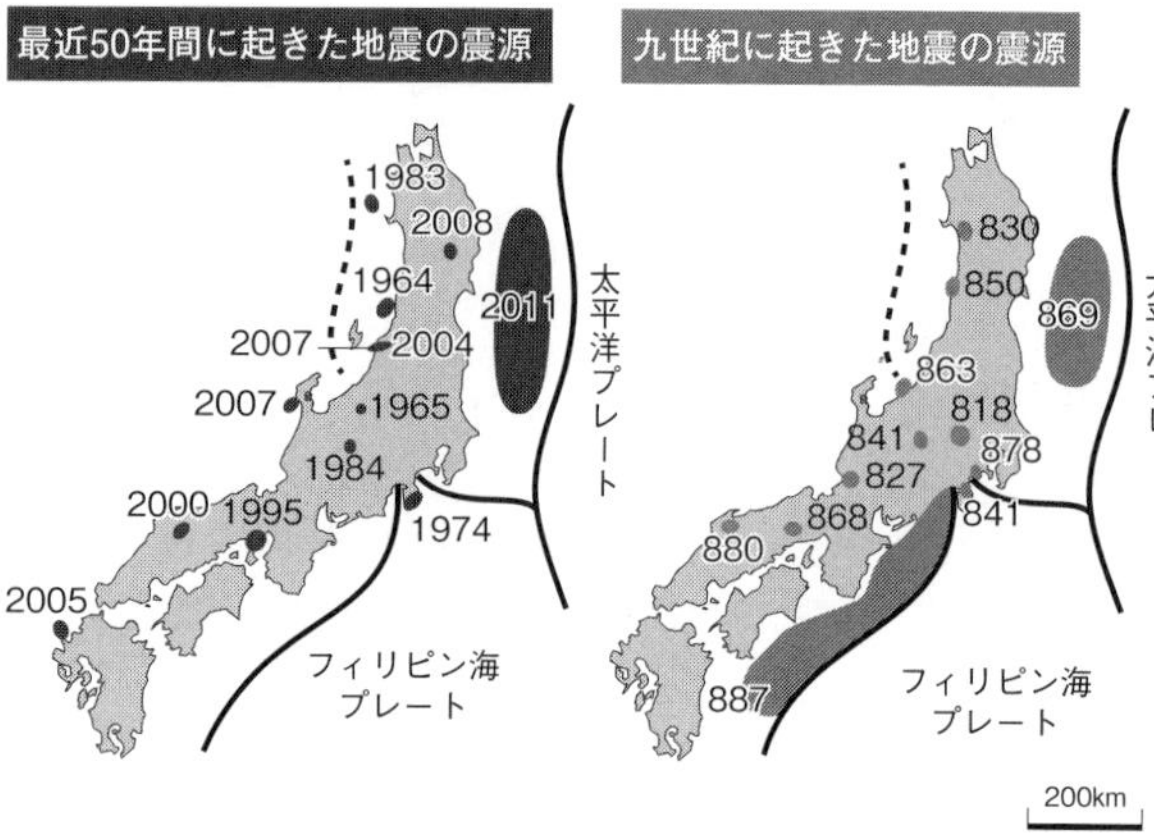

図5　最近50年間の日本列島は地震と噴火が頻発した９世紀と酷似する。数字は西暦年。寒川旭氏による図を改変。

き、さらに今後何が起きうるのかを考えていこう。

「3・11」が八六九年に東北地方で起きた貞観地震と酷似することは、既に前章で述べた。そして驚くべきことに、一九六〇年以降に日本で起きた地震や火山噴火の発生地域や規模が、九世紀のそれによく似ているのである。具体的に見てみよう（図5）。

九世紀前半の八一八年に北関東地震が発生した。ここから九世紀の「大地変動の時代」が始まり、八二七年の京都群発地震、八三〇年の出羽国地震と直下型地震が続いた。

九世紀は地震だけでなく火山の噴火も頻発していたので見ておこう。八三二年に伊豆国、八三七年に陸奥国の鳴子、八三八年に伊豆国の神《こう》津島《づしま》、八三九年に出羽国の鳥海山《ちょうかいさん》、と各所で立て続けに噴火した記録が残っている。

その後の地震発生を見ると、八四一年に信濃国地震と北伊豆地震が相次ぎ、八五〇年には出羽庄内地震、八六三年には越中・越後地震が起きた。その直後の八六四年には富士山と阿蘇山が噴火するという事件が起きた。

さらに、八六八年に播磨地震と京都群発地震が発生し、八七一年に出羽国の鳥海山、また八七四年に薩摩国の開聞岳《かいもんだけ》が噴火した。

そして東日本大震災に対応される八六九年の貞観地震の発生である。これが起きた九年後の八七八年には、相模・武蔵地震と呼ばれる直下型地震（M7・4）が関東南部で起きた。

さらに、その九年後の八八七年には、仁和《にんな》地震と呼ばれる南海トラフ巨大地震が起きた。これはM9クラスの地震で、大津波も発生した。そして最後の二つの地震が今後の予測に関してきわめて重要なのである。

●二〇二〇年と二〇二九年という計算

たとえば、こうした「九年後」と、「さらに九年後」に起きた地震の事例を、二十一世紀に当てはめてみよう。東日本大震災が起きた二〇一一年の九年後に当たる二〇二〇年は、東京オリンピックの年である。

単純に計算すると、その頃に首都圏に近い関東で直下型地震が起き、さらに九年後の二〇二九年過ぎに南海トラフ巨大地震が起こることになる。もちろん、この年号の通りに地震が起きるわけでは決してないのだが、もしこの周期が合ってしまうととんでもないことになる。

九世紀に起きた大地震のうちで近年まで起きていないものが、首都直下地震と南海トラフ巨大地震の二つなのだ。しかも、本章で見てきたように、後者の南海トラフ巨大地震は、発生の時期が科学的に予想できるほとんど唯一の地震である。

我々専門家ができることは、過去のデータから判断して、確実にそれが起きると見做《みな》すことと、十年ほどの幅を持たせて時期を予測すること、だけである。しかし、これでも人生や仕事の将来を決める上では、非常に貴重な情報となるのではないか。

「知識は力なり」。知識があるかないかで、将来に対する意識が全く違ってくる。「3・11」以降の日本列島は千年ぶりの大変動期に突入した、といっても過言ではないことを、しっかりと認識すべきなのである。

我々は東日本大震災の教訓として、「想定外をできるだけなくす」ことを学んだはずである。様々なタイプの地震が起きることを「想定内」とし、必ずやって来る巨大災害に向けて今から準備していただきたい。

●戦後の復興期は「僥倖」

東日本大震災をもたらした「3・11」は、日本にとって戦後最大の試練である。ここで日本の震災を「首都圏の過密」という問題で捉え直してみたい。

現在、首都圏には日本の人口の三分の一にも相当する三五〇〇万人が暮らしている。その中心にある東京は、江戸時代から日本の中央都市として富を蓄積し、戦後の経済成長によって首都圏として飛躍的に拡大した。

しかし、戦後の復興期と高度経済成長期に日本列島で地震が少なかったのは、僥倖《ぎょうこう》以外の何ものでもなかったのである。それが一九九五年に神戸市に直下型地震をもたらした阪神・淡路大震災で終了した。さらに、東日本大震災が起きた二〇一一年以後、日本列島の地盤は新たな変動期に突入したのだ。

「3・11」はわれわれに百年や千年という長い時間スケールで考えなければならないことを教えてくれた。たとえば、東海・東南海・南海の「三連動」は、三百年に一回の頻度で発生し、東日本大震災を起こしたM9の巨大地震は千年に一回の頻度で起きたものである。このように、われわれは日常考えもしない長尺《ちょうじゃく》の時間軸で災害がやってくる日本を、首尾良く生き延びなければならない。

確かに、首都東京は世界一効率が良く安全で便利な都市となった。これは現代の日本最大の資産の一つであり、この宝を灰燼《かいじん》に帰してはならない。一方、地球科学的には、三つのプレートがひしめき合う場所に構築された首都は「砂上の楼閣」以外の何ものでもない。

以前、ドイツの災害保険会社が世界主要都市の自然災害の危険度ランキングを発表したことがある。東京と横浜がダントツのワースト一位(七一〇ポイント)で、次点以下のサンフランシスコ(一六七ポイント)やロサンゼルス(一〇〇ポイント)を大差で引き離していた。ニューヨークやパリが地震のほとんど起こらない安定大陸にあり、おまけに堅い岩盤の上に都市が造られているのと比べて、何という違いだろうか。

関東大震災直後に内務大臣に就任した後藤新平は、帝都の大改造プランを立てた。全部は実行できなかったが、主要道路が拡幅され防災を考慮した都市につくりかえられた。ヨーロッパの都市政策を学んでいた後藤は、国家百年の計で復興を果たした。

首都直下地震と南海トラフ巨大地震を目前に控えている現在、百年後を見据えたビジョンで未来へ投資しなければならない。

ちなみに、世界屈指の変動帯に作られた巨大都市・首都圏から離れたら、どのような生活が可能だろうか。本書の後半では私の思案を披露してみよう。言わば、京都で「生き抜く」戦略である。

●首都移転を考えるべきか？

では、首都を東京から他所へ移転すべきだろうか？　私はそれは意味がないと考える。というのは、日本列島のどこにも活断層は伏在しているので、どこに移転しても同じリスクを背負うことになるからだ。そうではなく首都機能をあちこちへ分散させることが重要で、副首都を複数持つのも一つの手である。

日本列島では絶対に安全という場所はどこにもないことを初期値として設定し、「長尺の目」で戦略を練る。東京から脱出という短絡的な行動ではなく、今後百年間日本で比較的安全に暮らすなら、どう行動すればいいかを考える。

もはやどこで地震が起きてもおかしくない日本になったのだから、いつ被災してもいいように準備する方法である。たとえば、会社に防災用品を備蓄し、本社機能を分散するといったことだが、これはとても健全な考え方である。

利便性を追求して、地盤が軟弱で津波のリスクも高いウォーターフロントに住むのであれば、そのリスクを受け入れなければならない。そのためには地球科学と建築工学の知識は不可欠である。

自分が住みたい場所にとことんこだわって住むことは人生にとって大事なことだが、今後はこれまでにもまして思考を柔軟に保つことが求められるだろう。

ちなみに、「長尺の目」と対極にある短絡的な行動は、突然の危機に直面した時に生じる。考えられないようなバカな動きをしてしまうのだ。

たとえば、トイレットペーパーが目の前にないと、慌てて買い占めに走る。スーパーの背後にある倉庫に山積みされていることには全く思い至らない。冷静に考えたら絶対しない行動である。

緊急時でも合理的に行動するには、普段の「想像力」が不可欠なのである。その想像力は、何もないときに養っておかないと、まさかの時には働かない。そして想像力の源泉は、知識である。人は経験のないことに直面した時にパニックに陥りやすい。遠回りなようでも、正しい知識を持つことがいざという時には役に立つ。

●「生き抜く」ためのグッズ

首都直下地震は、私がもっとも気にしている地震の一つである。そして京都から東京に行く際に欠かせないものがある。旅の途中、地震などの突発災害から身を守るものである。サバイバル・グッズと私が呼んでいるものの最初は、ペットボトルの水である。私は出張にも遊びの旅行でも、五〇〇ミリリットルの水を、鞄《かばん》かリュックの中に入れてゆく。地震はいつなんどき襲ってくるかわからない。列車やバスがどこで停まっても、水さえあれば命をつなぐことができる。

次に、ドライフルーツである。もともと果物が好きだからだが、旅行中の楽しみというほかに、非常用の食物という意味がある。個別包装のものを何種類か持ち歩いているが、チョコレートでも羊羹《ようかん》でも何でも良い。賞味期限が来る前に食べて更新する楽しみもある。ペットボトルの水とドライフルーツさえあれば、数日間は持ちこたえることが可能である。

三番目は、小型の懐中電灯である。ペンケースに入るような小さなもので、ペンライトと呼ばれている。お医者さんが喉《のど》の奥を診察するときに使っているものと同じで電池で照らすものだ。

懐中電灯は、地震が発生して周囲が真っ暗になったとき、サバイバルの必需品である。東京の地下鉄などは、非常に深いところを走っている。たとえば、もっとも深い都営大江戸線の六本木駅は、地表から四二メートルの深度にある。

もし大地震が起きれば、場所によっては非常灯も切れてしまい、真っ暗な中、地上までビル七階以上の高さを自力で昇ることになる。

なお、ペンケースには予備の電池も入れてある。懐中電灯で二時間はもつので、予備の電池があれば四時間は照らしていられる。

携帯電話の明かりを使ったらよい、と思う方があるかもしれないが、懐中電灯ほど長持ちはしない。何よりも、携帯電話の電源は家族との連絡用に確保しておかなければならないからだ。

日本は世界有数の地震国で、都市の直下で起きる大地震を予知することはできない。六四

○○人以上の犠牲者を出した阪神・淡路大震災の状況が、どこで起きても不思議はないのである。ペットボトルの水、ドライフルーツ、ペンライトを常備することが日本の常識になってほしいと願っている。

本章では地震の現状と予測について解説したが、次章では活動期に入った日本列島の火山について見てゆこう。

第三章　日本列島の火山は活動期に入った

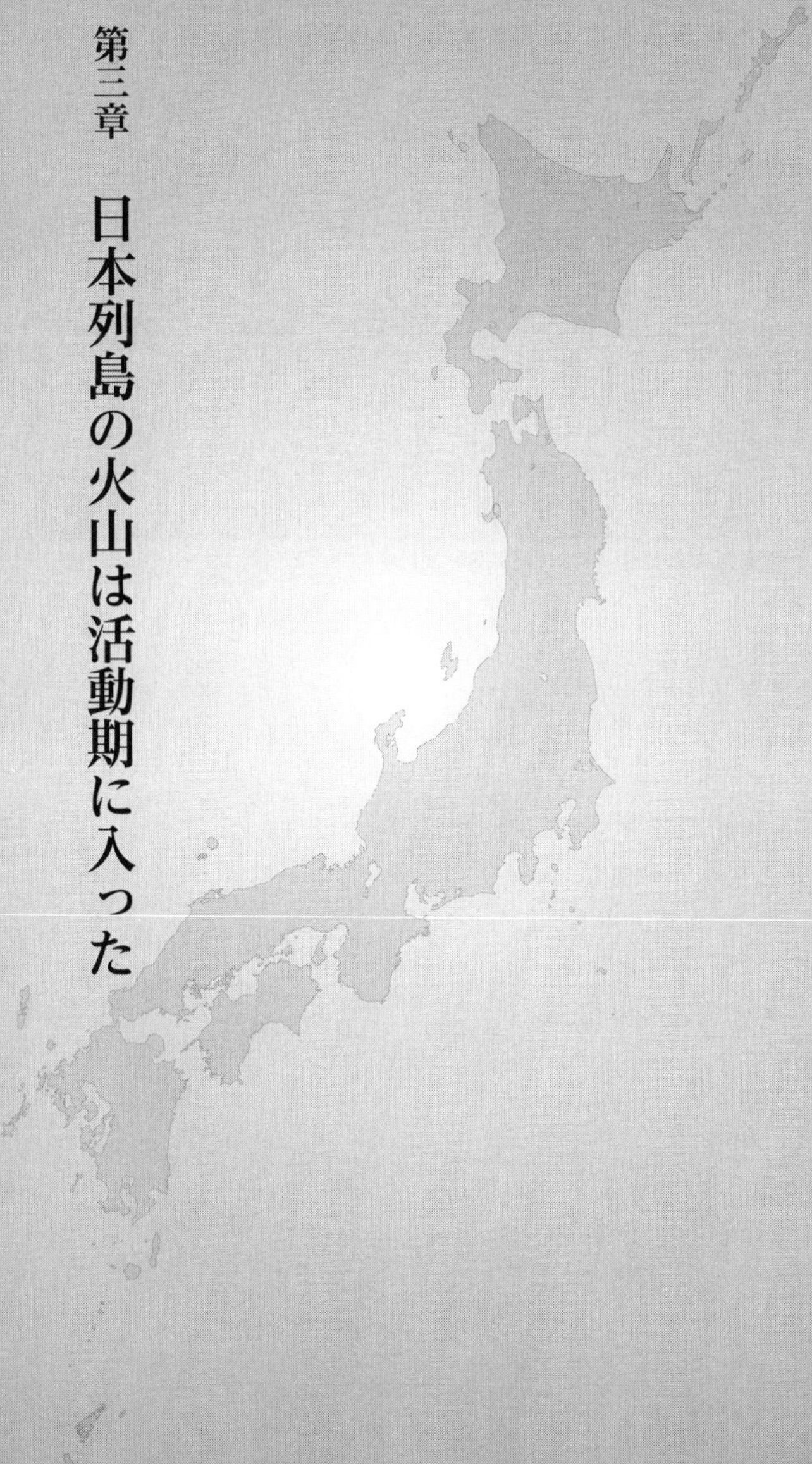

御嶽山噴火(2014年9月)。毎日新聞社提供。

●二〇個ほどの活火山が活発化

最近の日本列島では噴火が相次いでいる。たとえば、二〇一四年九月に御嶽山《おんたけさん》では、戦後最大の火山災害が起きた。その後、二〇一五年五月には口永良部島《くちのえらぶじま》の噴火で全住民が島外へ避難する緊急事態が発生した。

さらに六月末には長い間噴火していなかった箱根山で小規模な噴火が発生し、浅間山も六年ぶりに噴火した。多くの人が日本列島の火山活動が活発になっているように感じているが、その実感は間違っていないだろう。

我が国は世界有数の「火山大国」である。実は、陸地面積では世界の四〇〇分の一にしか過ぎない日本列島に、地球上の活火山の七％がひしめいている。そして現在、日本には一一〇個の活火山が存在し、その中で二〇個ほどの活火山が、地下で「3・11」以後から活発化している。

このように将来の噴火が予想される活火山に対して、気象庁は「常時観測火山」に指定し、二十四時間態勢で観測を続けている（図6）。

●巨大地震が噴火を誘発

東日本大震災で起きたような海溝型の巨大地震が発生すると、しばらくしてから火山が噴火することが知られている。たとえば、巨大地震が起きると地面にかかる力が変化する。その結果、地下で落ち着いているマグマの動きを刺激して、噴火を誘発することがあるのだ。

これまでも地震と噴火の関係は詳しく調べられている。たとえば、東北地方で過去百五十年間ほどの間に起きた巨大地震を見ると、その前後で活火山が噴火していることが知られている。

日本ではあまり報道されなかったのであるが、二〇〇四年十二月にスマトラ島沖で巨大地震が起きたあと、二〇〇五年四月から複数の火山で噴火が始まった。さらに地震の一年五ヶ

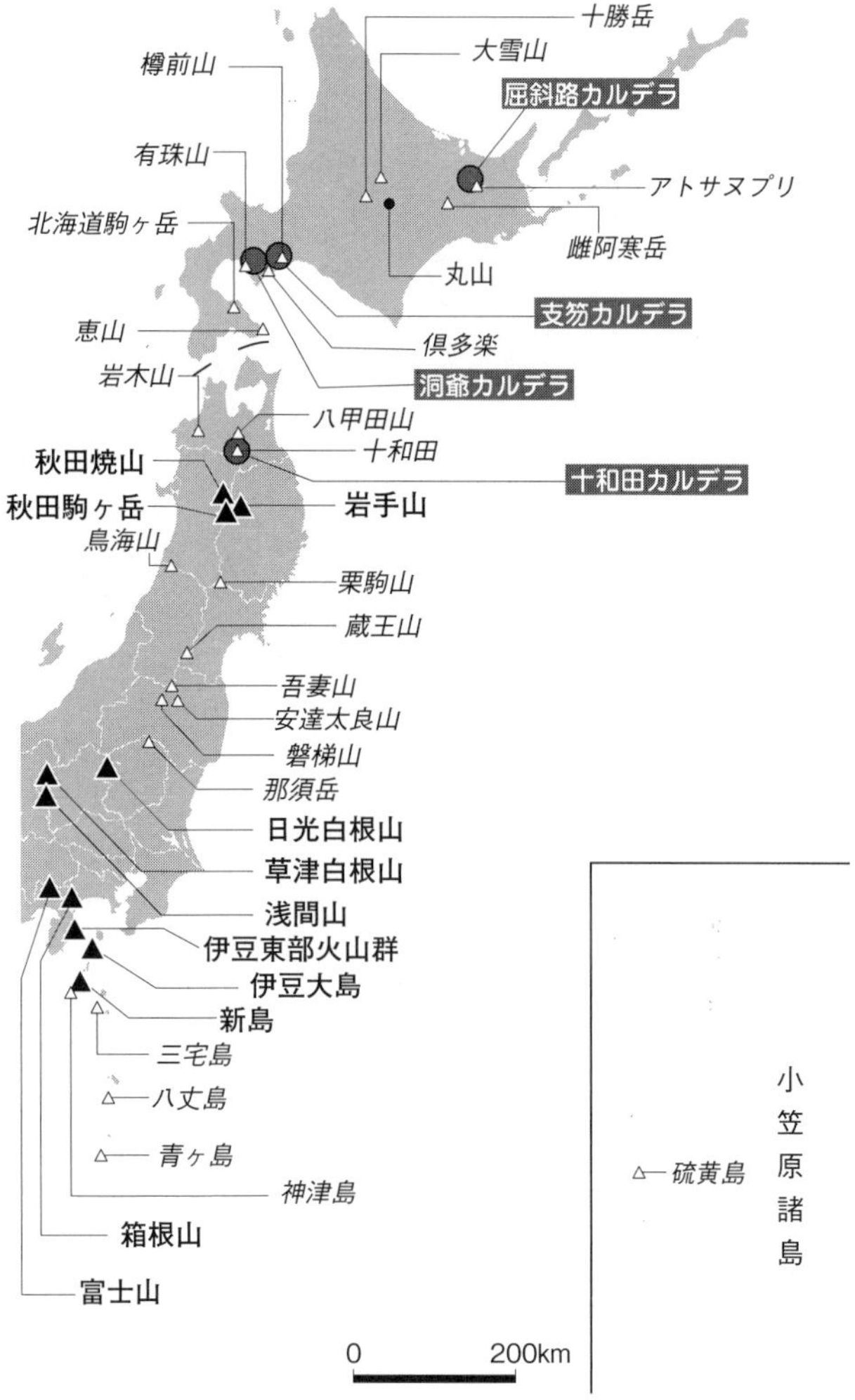
十勝岳
大雪山
樽前山
屈斜路カルデラ
有珠山
アトサヌプリ
北海道駒ヶ岳
雌阿寒岳
丸山
支笏カルデラ
恵山
倶多楽
岩木山
洞爺カルデラ
八甲田山
十和田
秋田焼山
十和田カルデラ
秋田駒ヶ岳
岩手山
鳥海山
栗駒山
蔵王山
吾妻山
安達太良山
磐梯山
那須岳
日光白根山
草津白根山
浅間山
伊豆東部火山群
伊豆大島
新島
三宅島
八丈島
青ヶ島
神津島
箱根山
富士山
0
200km
硫黄島
小笠原諸島

図6　日本列島の活火山。常時観測火山とカルデラ火山。筆者作成。

月後にはジャワ島のムラピ山から高温の火砕流《かさいりゅう》が噴出し、その後には三〇〇人を超える犠牲者が出た。

また、インドネシアも世界有数の火山国であり、活火山の総数は一二九個もある。巨大地震が噴火を誘発した例がある。世界最大の地震と言われる一九六〇年のチリ地震（M9・5）の二日後に、コルドン・カウジェ火山が噴火している。さらに二〇一〇年に起きたM8・8のチリ地震の一年三ヶ月後にもこの火山は噴火した。M9クラスの巨大地震が噴火を誘発したと考えられている。したがって、地下の条件がとてもよく似ている日本でも巨大地震が引き金となって噴火が始まっても全く不思議ではない。

それを物語るように、今回の地震以後に地下で地震が増加した活火山が多数ある。たとえば、神奈川・静岡県境にある箱根山では、三月十一日の巨大地震の発生直後から小規模の地震が急に増えた。

このほかにも地震が増えた活火山は、関東・中部地方の日光白根山、乗鞍岳《のりくらだけ》、焼岳《やけだけ》、富士山、伊豆諸島の伊豆大島、新島、神津島、九州の鶴見岳・伽藍岳《がらんだけ》、阿蘇山、九重山、南西諸島の中之島、諏訪之瀬島《すわのせじま》などがある（70ページ図6）。

いずれも地震直後から地下で地震が急激に増えた点が注目されている。今のところ火山活動に目立った変化は見られないが、インドネシアやチリでも見られたように今後の数年間は監視が必要と考えられる。

ここでのポイントは、噴火が誘発されるのが数日後だったり、数年後だったりとまちまちであることだ。

「3・11」の影響が大きかった東日本には、明治時代以後に規模の大きな噴火を起こした活火山がいくつもある。

福島県の磐梯山《ばんだいさん》は一八八八年に大噴火を起こし、山体崩壊と言われる大きな山崩れが発生した。富士山型のきれいな形をしていた磐梯山は、馬蹄《ばてい》形、つまりドーナッツの片方をかじってしまったような形になった。

この時の犠牲者は四七七人に達し、災害の記録写真が明治天皇へ報告された。また一九二九年には北海道駒ヶ岳《こまがだけ》が噴火している。大沼国定公園の景観をつくった駒ヶ岳が、火砕流を噴出し死傷者を出した。

「3・11」が噴火を誘発する可能性としては、日本一の活火山である富士山も例外ではない。東北地方太平洋沖地震の四日後の三月十五日には、富士山頂のすぐ南の地下でM6・4の地震が発生した。

最大震度6強という強い揺れがあり、震源に近い静岡県富士宮《ふじのみや》市内では建物の天井のパネルが落下し二万世帯が停電した。その震源は深さ一四キロメートルだったため、マグマが活動を始めるのではないかと我々火山学者は非常に危惧した。

●富士山は一〇〇%噴火する⁉

富士山のマグマは地下二〇キロメートルあたりで大量に溜《た》まっている。そのわずか五キロメートル上で、かなり大きな地震が起きたのである。そんなところでマグマを揺らさないでくれ、と私は本当に願った。

富士山周辺のGPS（全地球測位システム）の測定結果は、東北地方太平洋沖地震の発生後に、富士山の周辺地域が東西方向へ伸びていることを示した。地下約二〇キロメートルにあるマグマだまり直上の一五キロメートル付近では、マグマの動きに関連してユラユラ揺れる地震（低周波地震）がときどき発生しているのだ。

幸い、それ以外には現在まで富士山噴火の可能性が高まったことを直接的に示す観測データは得られていない。

こうした場所で地盤が拡大すると、マグマの動きに関して二つの可能性が生じる。すなわち、①地下深部のマグマが地表へ出やすくなる場合と、②拡張した地盤の中にマグマが溜まるため出にくくなる場合、の二つである。

果たして富士山はどちらを選ぶのか、今のところわかっていない。しかし、いつ変化しても全く不思議ではないので、二十四時間態勢での注視が今後も必要なのである。

さて、第一章で紹介した「過去は未来を解く鍵」の考え方によって、かつて富士山が噴火した様子を見てみよう。

前回の噴火は三百年前の江戸時代であるが、太平洋の海域で二つの巨大地震が発生したあとだった。

まず一七〇三年に元禄関東地震（M8・2）が起きたが、その三十五日後に富士山が鳴動を始めた。さらに四年後の一七〇七年には、宝永地震（M8・6）が発生した。この宝永地震は前章で述べた、数百年おきにやってくる「三連動地震」の一つである。

そして宝永地震の四十九日後に、富士山は南東斜面からマグマを噴出し、江戸の街に大量の火山灰を降らせた。一七〇七年十二月の噴火は富士山の歴史でも最大級の大噴火だった。

ちなみに、新幹線の車窓から北側にそびえる富士山を見ると、右側にぽっかりと大きな穴が開いていることに気づく。これはそのときの火口で「宝永火口」と呼ばれている。

宝永噴火では、直前に起きた二つの「海の地震」が、地下のマグマだまりに何らかの影響を与えたと考えられている。すなわち、地震によってマグマだまりにかかる力が増加し、マグマを押し出した可能性があるのだ。

もう一つの可能性としては、巨大地震によってマグマだまりの周囲に割れ目ができ、噴火を引き起こしたとも考えられる。マグマ中に含まれる水分が、マグマだまりの圧力の低下で水蒸気となって沸騰する。このときに体積が一〇〇〇倍近く急増し、外に出ようとして地上から噴火するのだ。

噴火の引き金にはいくつもの原因が考えられるが、マグマの中にある「水」がその鍵を握っている。マグマの中で水がどのようなきっかけで水蒸気になるのかがポイントだが、火山学上の第一級のテーマとなっている。このメカニズムは拙著『地球は火山がつくった』（岩波ジュニア新書）に詳述したので興味のある読者は参考にしていただきたい。

なお、火山学者は「富士山が一〇〇パーセント噴火する」と言うが、その理由は火山の地下にあるマグマだまりの活動史に由来する。

富士山から飛んできた噴出物の年代をくわしく調べたところ、富士山は平均して五十～百

富士山の宝永火口。

年ほどの間隔で噴火していたことがわかってきた。だが、一七〇七年に噴火してからは現在まで、三百年間も噴火をしていない。

銀行の定期預金に喩《たと》えれば「満期」に達した状態であり、いつ預金を下ろして（噴火して）も不思議ではない状況なのである。そして、もし長期間ためこんだマグマが一気に噴出したら、江戸時代のような大噴火になる可能性も否定できない。

●富士山は「小学生」

富士山の歴史時代の活動は、古文書を調べることでもわかる。記述をていねいに解読してゆくと、富士山が平均五十～百年ほどの間隔で噴火していたことが判明した。たとえば、『万葉集』や『古今和歌集』には、富士山の頂上から噴煙が立ち上っていた様子が記されている。今ならトップニュースとなるだろうが、小さな噴火でも当時の人をびっくりさせたようだ。

百年も間を置かずに小さな噴火を繰り返していた富士山が、一七〇七年以来現在まで三百年間もじっと黙っている。地下でマグマだまりに溜まっているのは不気味で、もし一気に噴出したら大災害となる。実は、三百年も沈黙している理由は、火山学者にもよくわからない。

ここで富士山の「寿命」を考えてみよう。一般に火山の寿命は約百万年であるが、富士山は誕生以来十万年ほどの若い活火山である。人の時間軸では十万年は途方もなく長い時間だが、火山の尺度ではまだ小学生くらいの年齢だ。

すなわち富士山は育ち盛りの活火山と言っても過言ではないのである。因みに、壮年期の火山としてはたとえば浅間山、老年期の火山は八ヶ岳が挙げられる。

近い将来に富士山が大噴火したら、江戸時代とは比べものにならないくらいの大被害が出ると予想される。富士山が噴火した場合の災害予測が、内閣府から発表された。もし富士山が江戸時代のような噴火をすれば、首都圏を中心として関東一円に影響が生じ、総額二兆五

○○○億円の被害が発生すると試算された。富士山の裾野にはハイテク工場が数多くある。火口から出た細かい火山灰はコンピュータの中に入り込み、さまざまな機能をストップさせてしまう。空中を舞い上がる火山灰は、花粉症以上に鼻やのどを痛める恐れもある。

日本は火山国といっても、実際に噴火を生で見た人はそれほど多くはない。その一方で、噴火を一度でも体験した人は、一生忘れることがないくらい強い印象を持つようだ。

私もその一人だが、一九八六年十一月の伊豆大島で大きな噴火に出会った。地鳴りを上げて目の前で火柱が立ち上ったあと、真っ赤に燃えたマグマの巨大なカーテンが、私の前に立ちはだかった。

次の瞬間、炎のカーテンはこちらに近づいてきた。恐怖も忘れ、私はひたすら見とれていたのだが、その迫力は今でもまざまざと思い出す。こうした噴火はビジュアル的にもインパクトがあるので、私は毎年「地球科学入門」の講義で噴火の映像を見せる。学生たちはみな一様に画面に釘付けになり、その凄《すさ》まじさに圧倒されている。

人は経験のないことに直面したときに動揺しやすいものである。富士山に限らず、前もって火山の活動パターンについて知っておくことが重要である。遠回りなようだが、火山に対する知識を持っていることが、突然起きる噴火から身を守る際にも役立つのである。

●噴火予知の科学

富士山の登山客は毎年多いが、いつ噴火しても不思議ではないことを知る人はさほど多くない。富士山には噴火の可能性があることから、二十四時間態勢で観測が行われている。すなわち、地震計や傾斜計などの観測網が日本で最も充実している活火山の一つなのだ。

富士山が噴火する際には、まず地震が発生する。富士山の地下にあるマグマだまりの近くから「低周波地震」と呼ばれる微弱な地震が出る。低周波地震はユラユラと揺れる地震のことである。

一般に、地下の岩石がバリバリと割れるときには「高周波地震」が起きるが、地下にある液体などが揺らされた場合に低周波地震が起きる。我々が日常生活で経験するガタガタと揺れる高周波地震と区別するため、わざわざ「低周波」という言葉が付けられているのである。

現在、富士山の地下では、深部で低周波地震が起きている。しかし、その位置が浅くなってきたら注意が必要である。マグマが無理やり地面を割って上昇してくると、今度は高周波地震が発生する。最後に、地表から噴出する直前で「火山性微動《びどう》」と呼ばれる細かい揺れが発生する。こうなると噴火が近づいたスタンバイ状態となる。

富士山の地下では地盤が広がりつつあることが確認されている。北東―南西方向に一年当たり二センチメートルほど伸張したことが、二〇〇九年に観測された。このときは、地下で東京ドーム八杯分の量のマグマが増加したと計算されている。

その後、地盤の伸びは鈍くなったが、これから富士山の地下で低周波地震や火山性微動が始まると、噴火の準備段階へ移行しつつあると判断される。

火山噴火は地震のように突然やってくるものではない。噴火の前には微弱な動きが出るので、観測機器さえあれば低周波地震や火山性微動を捉えられ、さらにマグマが地上へ上がってくると、山の膨張を把握することができる。

ところで、私は「火山学的には一〇〇%噴火する」と説明するが、実は、いつ噴火するかを前もって予測することは不可能なのである。噴火予知は地震予知と比べると進んできたが、残念ながら一般市民が知りたい「何月何日に噴火するのか」に答えることはできない。

火山学者は現在、観測機器から届けられる情報をもとにリアルタイムで富士山を見張っている。知っていただきたいことは、突然マグマが噴出する心配はまずない、ということである。噴火が始まる数日から数週間ほど前から、前兆となる動きが観測される。

この情報は直ちに気象庁からテレビや新聞など各種マスコミやインターネットを通じて伝えられる。したがって、富士山が噴火する際には、直下型地震のように準備期間がゼロというわけではないのである。

●「休火山」「死火山」は死語

ここで活火山の定義について述べておこう。まず、活火山とは歴史上これまで何回も噴火していたもので、今後も盛んに噴火しそうな山、という意味である。

気象庁は二〇〇三年に活火山の定義を改定し、「過去およそ一万年以内に噴火した火山、および現在活発な噴気活動のある火山」を活火山とすることに決定した。私も火山学の専門家として、この改定プロジェクトに加わってきた。

百万年もある火山の寿命の中で、過去一万年間くらいは歴史を見ておかないと、将来噴火する火山を見落とす可能性があるからである。

この時に気象庁は一〇八個の活火山を選定したが、その後、二〇一一年からその数は一一〇個に増えた。研究結果を精査したところ、北海道の風不死岳《ふっぷしだけ》（千歳市）、雄阿寒岳《おあかんだけ》（阿寒町）、天頂山（斜里《しゃり》町・羅臼《らうす》町）の三つに、過去一万年以内に噴火した経歴があることがわかったからだ。

なお、風不死岳は既に活火山と認定されている樽前山《たるまえさん》と一体の火山として扱われ、数としては二つ増加の一一〇個となっている。

それまでの私は、日本の活火山は仏教で言う「煩悩」を表す一〇八個と同じ、と講演会や文章で表現してきた（『マグマという名の煩悩』春秋社）。ところがその後は、「一一〇番」となったわけだ。いずれにしても、日本人にはお騒がせの数字となっているところが何とも不思議である。

さて、かつて理科の教科書で、火山は「活火山」「休火山」「死火山」の三つに分けられていたが、火山学者は休火山と死火山を使うのをやめた。というのは、休火山と思っていた山は、火山学的に見ればすべて活火山と考えたほうがよいからだ。実際には、どこまでが休火山でどこからが活火山かの線引きが、不可能なのである。

ここで富士山を例にとってみよう。最新の噴火は江戸時代の一七〇七年で、南東斜面にある宝永火口から大爆発したが、その後三百年間も富士山は噴火をしていない。

すなわち、人間の生活感覚では約一〇世代にわたる長い間に休止していることになる。ところが、先ほど述べたように百万年にも及ぶ富士山の寿命からすれば、三百年間とはアッという間の短い時間にしか過ぎない。

江戸時代の噴火の一つ前には、室町時代の一五一一年に噴火しているが、一七〇七年まで二百年もの長い間休止していたのである。もし、江戸時代の人が「富士山は休火山だから噴火しないだろう」と思ったとしたら、どうなるだろうか。二百年や三百年という休み程度では、火山の活動を判断する時間スケールとしては短すぎるのだ。

また、死火山という言葉についても問題がある。これからも絶対に噴火しない確実な証拠を挙げることができないからだ。こうした状況から、火山学者は休火山と死火山という用語を使わなくなった。

すなわち、かつて教科書で教わった休火山のすべてと死火山の一部は、実際には活火山と見なしたほうが適切なのである。この結果、火山専門家は、「活火山」と「活火山以外の火山」という分類をしている。

そして、噴火の可能性のある活火山にだけ注意を向けていただくように、我々は火山にまつわる知識の啓発活動をしているのである。

●「大噴火」準備中の桜島

近々、大噴火が心配されている活火山に、鹿児島市の一〇キロメートル東の海上にそびえる桜島がある。今から百年ほど前の一九一四年一月、桜島は大噴火した。

桜島の東麓と西麓に開いた複数の火口から大量のマグマが噴出し、西部では高温の火砕流が発生した。また約八時間後にM７・１の大地震が起こり、鹿児島市街を直撃した。

その結果、五八人の死者・行方不明者が発生し、一二一棟の家屋が全壊した。これは大正三年に起きたことから「大正噴火」と呼ばれている。

このとき、火山灰を含む噴煙は高度八〇〇〇メートル以上に達し、山麓では一日に二メートルの火山灰が降り積もった。さらに成層圏高度に達した火山灰は、西日本上空を経て、東北地方まで飛来した。

噴火は一年以上も継続し、噴出物の総量は一九九一年の雲仙普賢岳《ふげんだけ》噴火の十倍にもなった。桜島でこうした大噴火が起きたのは、江戸時代（一七七九年）以来百三十五年ぶりだった。

実は、桜島は大量のマグマが一気に噴出する「巨大噴火」とも関係がある。

そもそも鹿児島湾は、二万九千年前の巨大噴火によって陥没してできた巨大火山（後述の始良《あいら》カルデラ）の名残である。つまり、桜島南岳の五キロメートル下にはマグマだまりがあるのだが、鹿児島湾の中央にある別の巨大なマグマだまりに繋《つな》がっている。

この巨大マグマだまりから、一部のマグマが桜島へ絶えず供給されてきた。具体的には年間一〇〇〇万立方メートルのマグマが蓄積し、一部のマグマが桜島南岳へ供給されてきたのだ。

始良カルデラでは、噴火が近づくとマグマだまりが膨張し、周辺地域の地盤が隆起するという現象が起きる。その後、噴火が起きてマグマだまり中のマグマが減ると、今度は地盤が沈下する。こうした上下動が、噴火のたびに繰り返されてきたのである。

そして大正噴火の前にも隆起が起こり、噴火直後に八〇センチメートルの沈下が起きた。その後は現在に至るまで、マグマの供給を表す微弱な隆起が観測されている。このことは、次の大噴火への準備が進んでいることを意味するのである。

現在の桜島では、大正噴火で出た量の九割に当たるマグマが回復している。そして今のペースでマグマが供給されると、二〇二〇年代には大正噴火のレベルまで満たされると予測されている。

すなわち、マグマの蓄積量が大正並みになれば、同程度の噴火がいつ発生しても不思議ではないのである。

最近の桜島は爆発的な噴火を繰り返し、火口から四〇〇〇メートル以上も噴煙が立ち登っている。また、三年ぶりに桜島を震源とする有感地震が発生し、小規模な火砕流が斜面を数百メートル流れ下る現象も起きた。

さらに地下でマグマの上昇を示す山体膨張と見られる変化が続いている。桜島では日常的に発生している噴石や火砕流に警戒するだけでなく、大正噴火など過去に経験した大噴火も視野に入れながら、マグマ活動を監視する必要がある。

●「活動期」に入った日本列島

最近の日本列島では噴火が相次ぐため、本章の冒頭でも「日本列島の火山活動が活発になっているという実感は間違っていない」と書いた。これは過去の日本列島で起きた噴火の頻度を調べると、よくわかる。

第二章では、一九六〇年以降に日本で起きた地震の発生場所や規模は、九世紀に起きたそれとよく似ていると述べたが、これは火山活動についても当てはまるのだ。「3・11」に酷似する八六九年に起きた貞観地震の前後の火山活動も、現代と似ているのである。

具体的に年表を見ると、貞観地震前の八六四年には、富士山で史上最大規模の噴火（貞観噴火と呼ばれる）が起きた。また、その前後には、秋田・山形県境の鳥海山や新潟焼山、伊豆諸島でも新島や神津島、伊豆大島、三宅島で大噴火が起きている。

歴史を振り返ると、地震が活発に起きる時代は火山活動も活発になる傾向がある。巨大地震と噴火との因果関係を証明するのは簡単ではないが、「3・11」の三年ほど後から日本列島の活火山があちこちで噴火を開始したのは、周知の通りである。

実は、二十世紀は火山噴火が特異的に少なかった世紀であり、それ以前の世紀ははるかに噴火が多かったという事実もある。

たとえば、江戸時代を見てみると、一七〇七年に起きた富士山の宝永噴火、一七八三年に起きた浅間山の天明噴火という大噴火がある。宝永噴火では富士山から噴出した大量の火山灰が広範囲に降った。また、天明噴火では浅間山から高温の火砕流や泥流が出て、千人を超える犠牲者が出た。

一方、近年では一九一四年に起きた桜島の大正噴火のような大規模な噴火が起きていない。この噴火では東北地方まで火山灰が達したが、最近の百年近くはこうした大規模な噴火が全くないのである。

したがって、現在のように立て続けに噴火が起きているように見える状況が、実は日本列島では本来の姿なのである。火山大国である日本でこのぐらいの噴火が続くのはさして特別なことではないので、火山学者たちはみな「そろそろ大噴火が起きても不思議ではない」と考えている。人の体に喩《たと》えれば、今の日本列島の火山活動は「平熱」の状態なのである。

●日本で最後に大噴火が起こったのは一九二九年

ここで、噴火の規模について具体的に見てみよう。過去にどのくらい大きな噴火があったかは、定量的に把握することができる。

まず、噴火には「小規模な噴火」「中規模な噴火」「大規模な噴火」の三つがある。そして、こうした噴火の規模を示すものに「火山爆発指数」と呼ばれるものがある。英語でVolcanic Explosivity Indexと書くため「ＶＥＩ」と略される。

これは地震で言えばマグニチュードに当たるもので、噴火で出るエネルギーを示す。火山爆発指数は一桁の数字で表され、0から8までである。

具体的には、一回の噴火によって火口から放出される火山灰など噴出物の量に基づいて計算される。たとえば、「大噴火」とは三億立方メートル以上の噴出物が出た場合である。

火山爆発指数（以下ではVEIと書く）は、数字が小さい方が噴火の規模が小さい。すなわち、VEI0とVEI1が「小規模な噴火」、そしてVEI2とVEI3が「中規模な噴火」である。

その上は「大規模な噴火」なのだが、これを便宜的に三つの言葉で表現する。すなわち、「大噴火」「巨大噴火」「超巨大噴火」である。

VEI4が「大噴火」、VEI5とVEI6が「巨大噴火」、VEI7より上が「超巨大噴火」と呼ばれる。

ここで、噴火の規模について大事な法則がある。小さな規模の噴火ほど発生の頻度が高く、大きな規模の噴火ほど発生の頻度が低いのである。そして規模がもっとも大きい「超巨大噴火」は、世界中でも数千年に一回程度しか起こらない。

近年、日本で発生している噴火は、VEI0からVEI2くらいがほとんどである。その中でも大きかったのは二〇一一年一月に霧島火山の新燃岳《しんもえだけ》が噴火した例で、ＶＥＩ３の中規模な噴火だった。

次に、日本列島で江戸時代以降、過去数百年間に発生した火山活動の推移を見てみよう。「大噴火」に相当する三億立方メートル以上の噴出物が出たのは、十七世紀では四例、十八世紀では六例、十九世紀では四例が知られている。

それに対して二十世紀に入ると、一九一四年に起きた桜島の大正噴火と、一九二九年の北海道駒ヶ岳の二例しかないのである。すなわち、日本列島で「大噴火」は百年近く起きておらず、最近の百年間が異常に大噴火が少なかった時期とみなすことができる。

これは地球全体の傾向なのか、それとも日本列島だけのことなのかを見てみよう。日本列島と同じくプレートが沈み込むことで火山ができるインドネシアとチリの事例を検討しよう。いずれも日本列島と地下構造が似ており、活火山が多いことで知られる火山大国である。

インドネシアとチリでは最近の三百年ほどＶＥＩ４の「大噴火」が繰り返し起きており、ＶＥＩ５の「巨大噴火」もある。それに対して、日本列島だけが「大噴火」も「巨大噴火」も発生しておらず、一九三〇年以降の我が国だけが静穏であったことがわかる。

具体例で見ると、「大噴火」は一九二九年の北海道駒ヶ岳の噴火以後はなく、また「巨大噴火」は江戸時代一七〇七年の富士山と一七三九年の樽前山《たるまえさん》の噴火以降は全く起きていない。

一方で、地球上の火山活動はまんべんなく起きる現象なので、日本列島だけが永遠に静穏であり続ける訳はない。大規模な噴火が起きなくても、火山は地下でマグマをため続けていることは事実だ。

時間のスケールを長くして眺めると、「大噴火」も「巨大噴火」もくり返して起きてきた。よって、日本で少なかったのは一時的な揺らぎだと考えられるのだ。

日本の活火山は、むしろこれから活発化すると考えた方がよい。今後、大きい噴火が別の火山で起きることも覚悟した方がよいのである。

日本で大噴火がほとんどない状態が長く続くとは思えず、近い将来の日本で「大噴火」や「巨大噴火」が起こる可能性は否定できない。

具体的には、今後数十年以内には噴出量が数億立方メートル以上の大噴火がどこかの活火山で起きる、と火山学者は予測している。たとえば、桜島の大正噴火や、富士山の宝永噴火くらいの規模のものが起きるだろう、という予想である。

戦後しばらくの日本列島では、地震とともに火山活動は静かすぎたのである。一一〇もの活火山がある日本で百年近くも大規模な噴火がなかったのは、単なる偶然に過ぎない。近い将来に発生が予想される南海トラフ巨大地震や首都直下地震とともに、噴火によって生じる大規模災害への備えも必要なのである。

第四章　巨大噴火――文明を滅ぼす激甚災害

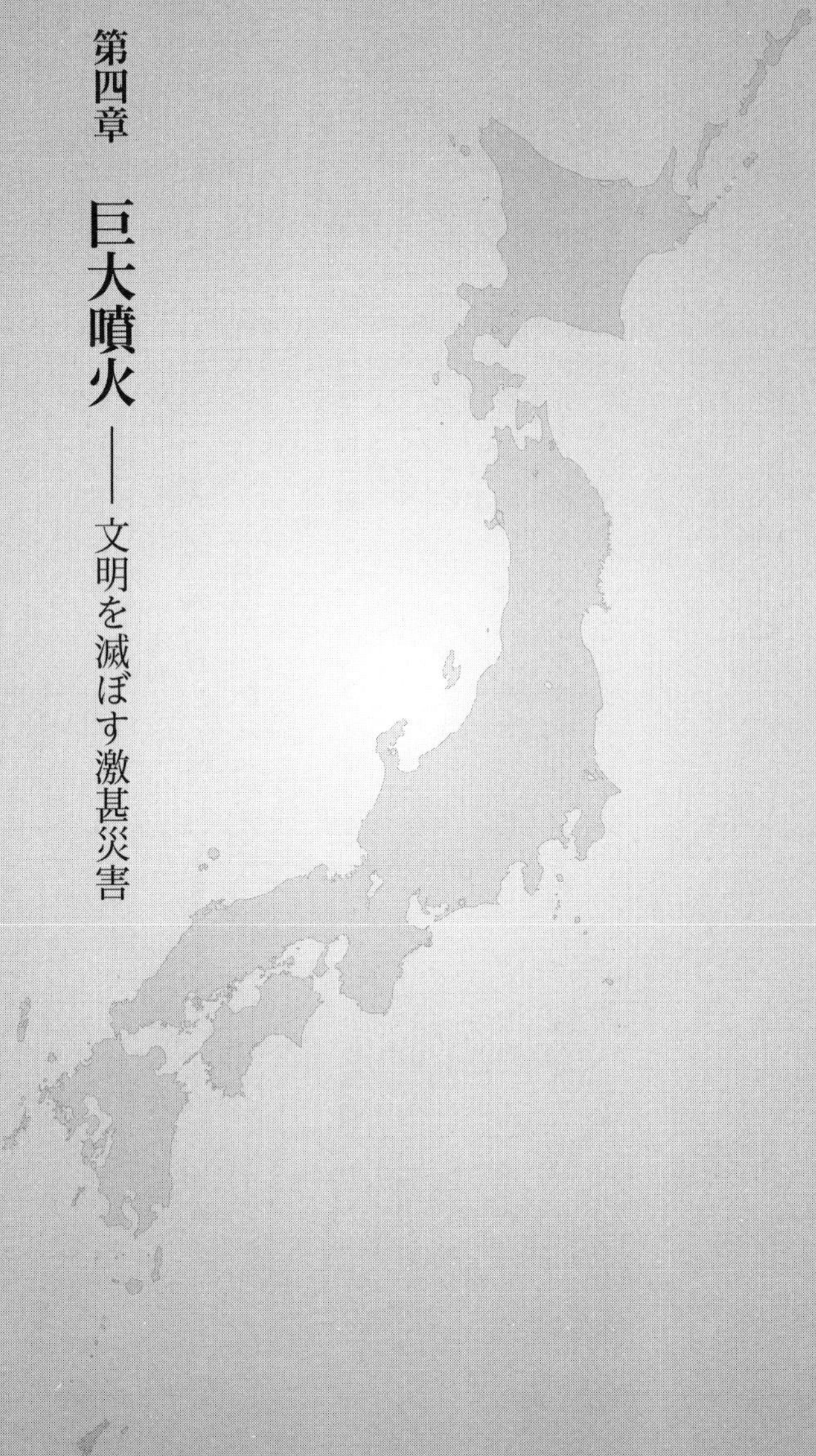

●有史以来最大の火山災害

火山の噴火は人間の生活に大きな影響を与え、時には気象災害を起こすことがある。一八一五年にインドネシアのタンボラ火山で起きた巨大噴火は、遠くヨーロッパにまで影響を与えた。

インドネシアのスンバワ島にある活火山のタンボラ火山は一八一五年四月に五千年ぶりの大噴火を開始した。上空三万メートル以上も立ち昇った軽石と火山灰が地上に降り注いだあと、高温の火砕流が山の周囲へ流れ出したのである。

この火砕流は大規模なものであり、麓《ふもと》の集落を襲うとともに海へ流れ込んだ。海辺に達した高温の火砕流は、海の水と接触してマグマ水蒸気爆発を起こし、細粒の火山灰が周囲に降り注いだ。さらに、火砕流が海へ突入したことで津波が発生し、スンバワ島周辺の海岸を襲った。

軽石を大量に含んだ火砕流が海に流入したことで、珍しい現象が起きた。周辺の海は浮き上がった軽石で埋まり、その厚さは六〇センチメートルに達したとされている。このため船船の運航も不可能となりスンバワ島は孤立した。

上空に噴き上げられた火山灰は六〇〇キロメートル離れたジャワ島にも降り積もり、舞い上がった火山灰によって昼間でも薄暗い状態が続きた。さらに上空一一キロメートルの上にある成層圏まで達した火山灰は、ジェットストリームによって全世界へ拡散した。

この噴火によって地上に出たマグマの量は五〇立方キロメートル（五〇〇億立方メートル）と積算されている。これは、現在の琵琶湖にたまった水の倍近い量に当たり、人間が歴史の記録を持ち始めてから最大の噴出量となっている。

噴火が終了した後の火山には直径六キロメートルの巨大な凹地ができた。これは「カルデラ」と呼ばれるもので、マグマが地上へ流出したことによって生じた地下の空洞部分に相当する。すなわち、凹地が大きければ大きいほど、大量のマグマが噴出した巨大な噴火であったことを示すのである。

この噴火によってスンバワ島の住民一万二〇〇〇人のほとんどが犠牲となり、生存者は二六人のみであったと記録されている。一方、この犠牲者数はごく一部に過ぎず、広域に降り積もった火山灰により発生した大飢饉の死者を加えた総計は、九万人以上となった。この点でもタンボラ火山の噴火は有史以来最大の火山災害だったといえる。

●世界中で夏が消えた

噴火翌年の一九一六年からヨーロッパと北アメリカで、これまでにはなかった気象災害が起きた。アメリカ東部ニューイングランド地方ではついに夏が来なかったため、この年は「夏のない年」と呼ばれている。

六月になっても雪が降り、湖沼は凍っていた。さらに八月にもかかわらず山地には雪が残り平地には霜がおりた。夏の平均気温は平年より五度ほど低く、流氷の残るハドソン湾では船舶が動けなくなった。

この年は異常低温とともに降水が極端に少なく、トウモロコシなどの穀類がほとんど収穫できない年だった。こうした異常気象は翌年までつづいたため、米国東部の農民たちは西部の開拓地へ移住していった。これがアメリカの西部開拓の契機の一つとなったとも言われている。

この頃、ヨーロッパ大陸でも冷夏が襲っていた。イギリスやスイスでは夏にもかかわらず冷たい雨が降り続き、数百年来の最低の平均気温を記録した。この数年間のヨーロッパでの夕焼けは異常に赤い色をしており、イギリスの画家ターナーが風景画にこうした夕焼けを描いている。

ちなみに、この現象は、タンボラ火山から飛来したごく細粒の火山灰と硫酸ミストが空の青い色を吸収したために起きたものである。地球上のどこかで巨大噴火が発生すると、成層圏にまき散らされた火山灰は地球を周回し、何年も地上に降りてくることがない。

この間に太陽光がさえぎられるため異常低温が続き、赤い夕焼けが見られるのである。巨大噴火によって発生する火砕流が山麓を焼き尽くすだけでなく、それにともなって噴き上がる火山灰が全世界の気象に与える影響のほうが、実は大きいのである。

●巨大噴火とカルデラ

こうした噴火は火山学でも「巨大噴火」と呼ばれ、膨大な量のマグマが短期間に地表へ噴出する場合に起きる。「火砕流」という現象が発生し、高温のマグマが高速で地上を走り抜けるのだ。

具体的には、八〇〇℃もの高温のマグマ粉体流が、時速一〇〇キロメートル以上で水平に駆け抜け、最大一五〇キロメートルもの距離の途上にあるすべての物を焼き尽くし甚大な被害を及ぼす。すなわち、巨大噴火は最大規模の破局的な噴火なのである。

巨大噴火が起きる際には、大地に直径一〇キロメートル以上もの窪地を作り出す。量にして数百立方キロメートルという大量のマグマが噴出した後の地上には、大きな穴が空くのである。

これは「カルデラ」と呼ばれる巨大な凹地であり、大規模な火砕流が出た際には必ず地上に残されるものだ。日本列島には一〇個以上のカルデラが確認されているが、その一つひとつで激甚災害が発生してきたのである。

なお、カルデラの語源はスペイン語に由来し「料理をする鍋」の意味である。凹んだ地形が鍋の底を連想するためにこの名が付けられた。日本では直径二キロ以上の火山性の凹地をカルデラと呼んでいる。

国内でもっとも大きなカルデラは、三万年ほど前にできた北海道の屈斜路《くっしゃろ》カルデラで、東西二六キロ、南北二〇キロという規模である（70ページ図6）。その次が熊本県の阿蘇カルデラで、東西一八キロ、南北二五キロの大きさである。

カルデラの凹地の中に、水がたまって湖になっていることもあり、代表例は青森・秋田県境にある十和田カルデラである。こうした湖は「カルデラ湖」と呼ばれている。

次に、日本列島のカルデラの生成を時間軸で見てみよう。大規模火砕流を噴出したカルデラは、九州・北海道・東北に集中している。日本列島でもこうした巨大噴火は何十回も発生してきた。

もっとも直近の例としては、七千三百年前にできた鬼界《きかい》カルデラと、二万九千年前の姶良《あいら》カルデラがある。いずれも鹿児島県にあるが、鬼界カルデラは薩摩半島の先の海中にあり、姶良カルデラは鹿児島湾そのものの凹地を作っている。

これら二つの噴火ではいずれも高温の火砕流が九州南部を焼き尽くし、さらに上空へ噴き上がった火山灰が偏西風に乗って東北地方まで飛来した。

噴出物の量が一七〇立方キロメートル以上というように、東京ドーム約一四〇〇〇〇杯分に相当する量の噴出物が出た結果、九州から東北までの日本全土が灰まみれになった。

特に、姶良カルデラの巨大噴火では南九州で広大に拡がる「シラス台地」が形成され、日本列島全体が数センチ以上の火山灰で覆われた。

●カルデラ噴火は文明を滅ぼす

噴火は人間生活に大きな影響を与え、火山灰や溶岩流の災害を起こすだけでなく、時には文明を滅ぼすこともある。

火山の噴火で島が消滅してしまう事件は、日本でもある。今から七千三百年ほど前、鹿児島沖の薩摩《さつま》硫黄《いおう》島で巨大噴火が起きた。その結果、大きな陥没構造（カルデラ）ができ、残りの地域が小さな島として残った。

現在、この鬼界カルデラは海底にあり、東西二〇キロメートル、南北一七キロメートルの巨大な窪地として残っている。

この噴火では、大量の火砕流《かさいりゅう》と火山灰を噴出した。カルデラの地下五キロメートルほど下には巨大なマグマだまりが存在していた。

高温の火砕流は海を越えて流走し、四〇キロメートル以上離れた種子島や屋久島に上陸した。さらに九州本土に上陸し、現在の鹿児島市街地まで到達した。これに加えて、大津波や大地震も発生した。

九州に達した火砕流は、南九州一帯を一度に覆いつくし焼け野原としてしまった。当時ここで暮らしていた縄文人が全滅した証拠が残っている。

鹿児島沖で大規模な火砕流が出たことにより、縄文人がみな死滅してしまったことは、土器の形でわかるのである。

具体的には、当時南九州に存在していた縄文期の貝殻文系土器文化と塞ノ神《せのかん》式土器文化が滅亡した。火砕流に襲われる前につくられた縄文人の土器は、南方から来たものである。

一方、火砕流の上にある土壌中にも土器が発見されたのであるが、これは全然違う形をしている。おそらく大噴火で絶滅してから数百年たって、北から来た人たちが新しい形式の土器を伝えたのである。

さらに、上空高く舞い上がった火山灰は、偏西風に乗って東の方へ飛んでいった。「アカホヤ火山灰」と言われるものであるが、遠く関東・東北地方にも飛来して堆積している。かなり広範囲にわたり、このときの火山灰が地層として現在でも残っている。

鬼界カルデラの噴火事件でもう一つ大事な点は、地震は文明を滅ぼさないけれど、火山噴火は文明を滅ぼすということである。

たとえば、南海トラフ巨大地震の場合、日本国は大きなダメージをこうむるだろうが、文明は滅びないだろう。ところが、鬼界カルデラの巨大噴火は南九州の縄文人を滅ぼしてしまったのである。それくらい火山は怖い、と私は思っている。

●首都圏近隣の活火山、箱根山

神奈川県の箱根山は、年間二〇〇〇万人の観光客が訪れる全国有数の観光地である。唱歌『箱根八里』では「天下の嶮《けん》」「万丈の山」と歌われてきた。

箱根といえば温泉が有名だが、実は箱根山は首都圏にもっとも近い活火山なのである。中心部にある大涌谷《おおわくだに》で、二〇一五年に火山活動が活発化した。

火山活動が高まった結果、観光地の大涌谷周辺の散策路などの立ち入りが禁止された。箱根山では四月下旬から地下の浅いところを震源とする火山性地震が増加し、温泉井から蒸気が通常より激しく噴き出すなど近年になく活発な活動が続いた。

こうした状況から、気象庁は五月六日に「火口周辺警報」を発表した。具体的には、噴火警戒レベルを1（平常）から2（火口周辺規制）に上げて、噴火に伴う噴石などに警戒するとともに、自治体などの指示に従い危険な地域に立ち入らないよう呼びかけた。有名な温泉旅館も林立する地元では訪れる人が減ることを心配した。その後、六月三十日には3（入山規制）に引き上げられたが、九月十一日には再び2に引き下げられた。

地球科学的に見ると、箱根山での活発化は既に予測されたことだった。というのは、「3・11」の直後に地下で地震が起きた活火山に、箱根山も含まれていたからだ（70ページ図6）。

最初に、箱根山の地下で何が起きているのかについて説明しておこう。四月下旬から地下で地震が活発化し、蒸気の噴き出す勢いが特に強くなった。これは地下水が熱せられることで起きる「水蒸気噴火」と呼ばれる現象である（図7）。

すなわち、箱根山の地下約一〇キロメートルにあるマグマによって暖められた地下水が、急激に沸騰することによって発生する。たとえば、地下一キロ～五キロメートルの間で沸騰した水が、小規模の地震を毎日起こしている。

この沸騰がさらに激しくなると、体積を増した水蒸気が地表まで突沸し、出口にある岩石を砕いて空中に撒《ま》き散らす。突発的に大量の噴石が落下する非常に危険な現象であり、「水蒸気爆発」とも呼ばれている。

火山体の内部は硬い岩からなると思っている人が多いが、実際には岩石に隙間がたくさん挟まったガサガサした状態である。岩の割れ目には水（熱水）が入っており、その下の深い

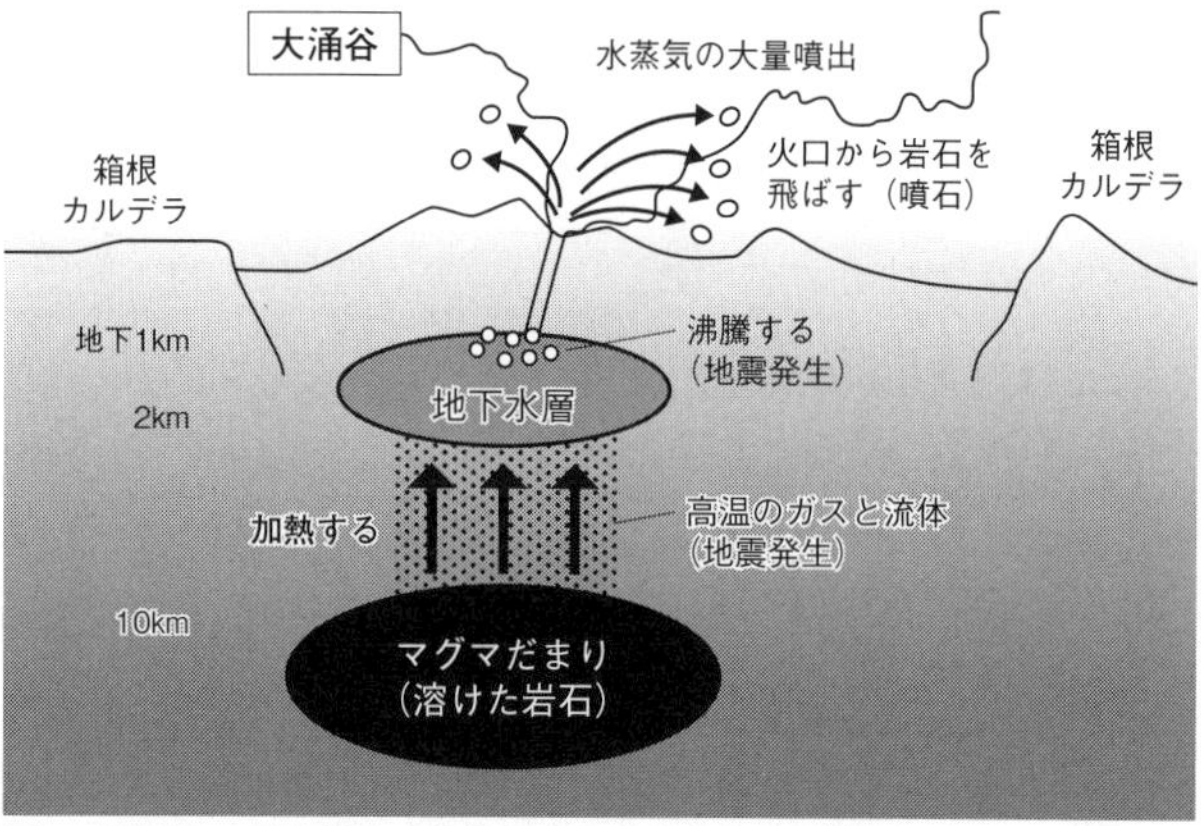

図7　箱根山の地下構造と水蒸気噴火の仕組み。筆者作成。

場所に高温のマグマがある。

このマグマの動きが活発になって地下水を加熱するようになると、水が大量に気化するのだ。

ちなみに、二〇一四年九月に御嶽山の噴火で起きたメカニズムも、全く同じである。

死者・行方不明者を合わせた六三名は、四三名が犠牲となった長崎県・雲仙普賢岳の噴火（一九九一年）を上回る。

噴火の規模が非常に小さかった割には、戦後最大の火山災害をもたらした。大災害となった要因は複数ある。

紅葉シーズンで快晴の土曜日、大勢の登山客が滞在する山頂近くで昼過ぎに噴火が始まるなど、場所、時期、時間帯のすべてが最悪のタイミングだったため、全くの不意を突かれたのである。

箱根山では、火山性地震が増加した後、大涌谷付近を中心に山が膨張するという「地殻変動」も観測された。地下の熱水やガスが地面を盛り上げている現象だが、元々の原因はマグマの活発化にある。

一方で、マグマの動きを直接的に示す火山性微動や低周波地震は、これまでのところ観測されていない。このことから、マグマが地表近くまで上昇している気配はまだ起きていないと考えられている。

二〇一五年に起きた群発地震を伴う水蒸気噴火は、二〇〇一年に起きた現象ともよく似ている。過去の箱根山では、群発地震が二〇〇一年六月に始まって一〇月末にやっと終息した。小規模な水蒸気噴火でも、沈静化するにはこのくらいの時間がかかるものである。

現時点で、箱根山の活動が今後どうなるかを予測することは、非常に難しい。時々刻々と変わる火山活動を、リアルタイムで辛抱強く注視し続けることが肝要である。

●過去に起きた箱根山の巨大噴火

一方、地球科学には「過去は未来を解く鍵」というツールがあるので、これによって箱根山の中・長期的な噴火を予測してみよう。まず地下にあるマグマが活発化する場合を考えてみる。現在の水蒸気噴火から、マグマが直接関与する「マグマ水蒸気噴火」に移行する。

もし、さらにマグマの活動が高まると、その先では地上へマグマが噴出する「マグマ噴火」へ移行する可能性がある。たとえば、過去にはこのマグマ噴火によって箱根山を構成する数々の溶岩ドームが形成されたのだ。

具体的には、一〇キロメートル以深のマグマ周辺で火山性地震の数が増え、また地震のマグニチュードが大きくなると、マグマが活発化したと判断する。また、現在もわずかに見られる、山が膨らむ傾向が加速すれば、次のステージへの移行を心配しなければならない。

たとえば、雲仙普賢岳の噴火では、水蒸気噴火が起きた三ヶ月後に、マグマ水蒸気噴火が始まった。その後は本格的なマグマ噴火へと移行し、山頂に巨大な溶岩ドームができたのである。

溶岩ドームとは、溶岩が噴火口の上に積み重なり、まんじゅうの形となった丘である。これが崩壊して山麓の島原市街へ高温の火砕流が流下し、大災害を引き起こしたことは記憶に新しい。以下で解説しておこう。

一九九一年六月三日午後四時八分、雲仙普賢岳から発生した火砕流が、東斜面を一気に流れた。火口から三・五キロメートルの距離を走った。時速約一三〇キロメートルの猛スピードであった。

火砕流の前面には、火砕サージと呼ばれる高温の熱風域が生じた。家屋や樹木を瞬時になぎ倒した。そして、避難勧告区域内にいた報道関係者など四三名が、熱風にのみ込まれ死亡したのである。

犠牲者の中には火山の専門家も三人含まれていた。我々火山学者はそのことを直後に知り、大きな衝撃を受けた。噴火の記録映像で有名なフランス人のクラフト夫妻と、米国人のグリッケン博士である。いずれも私の親しい友人だった。

火山学の立場からは、新しい噴火が起こるたびに発見がある。未知の現象を目《ま》の当たりにすることによって、学問が進展する。

しかし、たいへん残念なことに、そのような新知見には、しばしば災害の発生が伴うのである。そして、観測の最前線にいた火山研究者が、真っ先に巻き込まれることがある。

さて、マグマ噴火へ移行する場合に話を戻そう。二〇一一年に噴火した霧島火山・新燃岳の噴火では、水蒸気噴火の十ヶ月後にマグマ噴火へと移行した。その間には水蒸気噴火が何十回も起こったのである。

たとえば、箱根山の噴火予測では、かつて箱根山が噴出した火山灰の記録も非常に役に立つ。それによると、規模の大きい水蒸気噴火が十二世紀〜十三世紀にも起きていたことがわかった。

実は「箱根山」という単独の山は存在しない。箱根山とは、神山や駒ヶ岳といった、複数の溶岩ドームの総称である。こうした溶岩ドームができるときには規模の大きい噴火が起きていたのである。

たとえば、三千年ほど前の噴火では、マグマが地上に出て冠ヶ岳《かんむりがたけ》が誕生した。この頃には山から崩れた土砂が早川の上流をせき止め、芦ノ湖が姿を現したのだ。

そして箱根山でもっとも心配されるのは、六万六千年前に起きた「巨大噴火」である。大規模な火砕流が六〇キロメートル離れた横浜市まで到達した。すなわち、高温の火砕流が神奈川県のほぼ全域を焼き尽くしたのだ。

その直前には、大量の軽石と火山灰も噴出し、東京では火山灰が二〇センチメートルも降り積もった。もし箱根山で同規模の巨大噴火が起きれば、神奈川県が全滅し八〇〇万人を超える死者が出ると推計されている。

もちろん現在、こうした破局噴火が起きる兆候はないが、いずれも箱根山の噴火が引き起こした事実なので、頭の隅に留めておく必要はあるだろう。

二〇一五年に箱根山が噴火した後、私は箱根山に隣接する富士山が噴火する兆《きざ》しか、という質問をたくさん受けた。確かに、東日本大震災の直後に地震が起きた二〇個の活火山の中に、箱根山と富士山の両者が入っている（70ページ図6）。

結論から述べると、箱根山と富士山のマグマはつながっていないので、富士山の噴火を誘発させることはない。箱根山の二五キロメートル西にある富士山は、箱根山とは関係なく活動を開始するだろう。すなわち、箱根山と富士山は、それぞれ独立に噴火の可能性が高くなった活火山なのである。

●巨大噴火で起きること

日本列島では大規模な火山噴火が、十万年に一二回ほど起きている。火山学者は文明を滅ぼすレベルの噴火を「巨大噴火」と定義する。「破局噴火」とも呼ぶが、大量の火砕流が出てカルデラをつくる規模の噴火である。

具体的に挙げてみると、九州（鬼界《きかい》、阿多《あた》、姶良《あいら》、阿蘇）、青森・秋田県の十和田、北海道（洞爺《とうや》、支笏《しこつ》、屈斜路）などである（70ページ図6）。火山灰の分布を地図で見ると、これらがいかに激しい噴火であったかがよくわかる。

巨大噴火の次のレベルは「大噴火」である。富士山が三百年前の江戸時代に起こした、宝永噴火はこのレベルだ。数百年溜めたマグマが一気に出ると、大噴火になる。

巨大噴火が起きると人は日本列島に住めなくなる。たとえば、阿蘇山は今から九万年前に大爆発したが、このとき火山灰が北海道まで飛んでいった。九州で巨大噴火が起きると、近畿で五〇センチメートル、関東で二〇センチメートル、北海道で一〇センチメートルも積もる可能性があり、まさに日本全土を覆うわけである。

こうした巨大噴火が起きた場合に、日常生活がどうなるかのシミュレーションを火山学者は行っている。それによると九州のほぼ全域が火砕流に襲われ、二時間ほどで七〇〇万人が死亡する。続けて大量の火山灰が偏西風で東に流れる。

その結果、西日本では一日のうちに五〇センチメートルの火山灰が積もり、四〇〇〇万人が被害を受ける。さらに、東日本では二〇センチメートルの火山灰が積もる。沖縄以外の日本列島全域で一〇センチメートル以上の火山灰が降り積もる計算となる。

厚さ一〇センチ以上積もった重みによって、家屋の倒壊やライフラインの途絶などが発生するだろう。我が国の総人口に近い一億二〇〇〇万人が被害を受け、日常生活に支障を来《きた》すだけでなく、ここまで広域災害が発生すると他の地域の救援も全く不可能になる。

●巨大噴火の頻度

では、こうした巨大噴火が起きる確率はどうだろうか。

日本列島では最近十万年の間で、カルデラ噴火が約七千年に一回の頻度で起きている。最後に起きた噴火は七千三百年前なので、単純計算すると次の巨大噴火はいつ起きても不思議はないことになる。富士山のマグマだまりと同じく、巨大噴火発生の「満期」に関しても、既に過ぎているというわけだ。

今後百年以内に巨大噴火が起きる確率を計算すると約一％となる。百年に一％という値は、地球科学的には決して低い数字ではなく、いつ起きてもおかしくないと認識すべき数値である。

東日本大震災は千年に一度の震災だったが、もう一桁時間間隔の長い、一万年に一度の破局噴火である。これが今世紀、すなわち私たちや私たちの子どもや孫の時代に一切発生しない保証はないのだ。

もう一つ重要なことは、巨大噴火を引き起こすカルデラは日本列島全域に散らばるのではなく、地域的な偏りがあるということである。たとえば、九州と北海道に集中していることがわかる。

二つ目に重要なことは、カルデラ火山は一回の活動だけで終わりということはないという点である。

たとえば、阿蘇カルデラのように複数回の巨大噴火を起こす場合が多い。したがって、今後の巨大噴火が起きる場所は、過去の日本列島で起きてきた地域で起こる可能性がもっとも高いと考えてよいだろう。

そして巨大噴火は突然始まることはなく、その前には規模の小さな噴火が多数起きると考えられている。すなわち、小噴火が数多く発生するうちに中噴火がポツポツと起き始め、大噴火へ移行するパターンになる。

巨大噴火の前には前兆となる中小の噴火が立て続いて起こり、最後に巨大噴火というクライマックスを迎えるというモデルである。トータルでは何百年もかかって、次第に規模の大きな噴火へ移行するのだろう。

実際、九万年前の阿蘇の巨大噴火の前には、軽石や火山灰が大量に降り積もる「大噴火」が起きた。こうしたものの最後に大規模な火砕流が出て、地面が陥没してカルデラを形成した。

おそらく巨大噴火がいきなり起きることはないだろうが、「巨大噴火」の前に来る「大噴火」がどのくらい前に起きるか、また、その前に「中噴火」や「小噴火」がどのように繋がっていくのかは、現在の火山学ではわからない。

つまり、「過去は未来を解く鍵」の法則を使おうにも、それに見合う過去のデータがないのである。

●「長尺の目」による思考

われわれが日本という火山国に住む以上、いつかは必ず大噴火に直面することになる。地球科学的な「長尺の目」からは、日本列島が巨大噴火に見舞われる確率は決して低くはない。巨大噴火の噴火予知も研究が始まったばかりである。

むしろ日本の問題は、予知できるかどうかにかかわらず、激甚災害のもたらす事態に備えられるかどうか、である。

たとえば、国として一年分の食料備蓄や、西日本に人が住めなくなった場合に東日本だけでどう生き残りを図るか、などの検討を早急にしなければならない。

特に、九州の活火山には阿蘇、桜島、霧島など、過去にカルデラを形成したものがいくつもある。よって、巨大噴火に遭遇する可能性を想定した防災を考える必要がある。いや、防災は無理だとしても「減災」のため、噴火の規模に応じた対策を考える必要があるのだ。

確かに巨大噴火は頻度の低い現象であるが、日本列島ではいつかは必ず起きる。十九世紀に世界中へ影響を与えたタンボラ火山級の噴火を念頭に置きつつ、国土の減災を考える必要がある。

特に、噴火が始まってから、噴火の様式と規模がどう変わってゆくかに絶えず注視しなければならない。

世界に視野を広げてみると、実は巨大噴火はよそ事ではない。米国の国立公園として有名なイエローストーン・カルデラや、カリフォルニア州のロングバレー・カルデラの地下では、現在もマグマが蓄積されている。これらのカルデラの地下では時おり火山性の地震が発生し、マグマが活動を全く止めていないことが観測されているのだ。

地球上の稀な現象に対しては、百年や千年などの時間軸で見ることが、リスクを判断する際には極めて重要である。第二章で紹介した南海トラフ巨大地震は百年に一回の頻度で起きた。また、東日本大震災を起こしたＭ９の地震は千年に一回だった。

まさに日常生活では考えもしない時間軸で変動する地盤上に我々は住んでいる。その事実に目を背けることなく、百年千年のスケールで考えながら自然現象に対処する「文化」を養うことが必要なのではないか。

次章では、火山がもたらす噴火災害から離れて、そもそも地球の活動が人間にどのような影響を与えてきたかについて大局的に論じてみよう。

第五章　ストックからフローへ

東日本大震災を契機として「大地変動の時代」に突入した日本では、地震と火山噴火に対する防災の全てをリセットしなければならない。

すなわち、陸域で起きる「直下型地震」、海域で起きる「南海トラフ巨大地震」、活火山の「噴火」という三項目を、人生上の重大な事柄に関わる全てのスケジュールに入れなくてはならないのだ。

今後の約二十年間、仕事や生活のみならず人生設計そのものを変えざるを得ない人が続出するだろう。

本章では、現代人の生活基盤を成り立たせている「資源」について考えてみよう。

●プレート運動が石炭・石油を生んだ

人間は自然の産物を利用して、さまざまなものをつくり出してきた。我々が毎日便利に使っているエネルギーのもとは地下資源である。電気やガスを生み出すためには大量の石油や石炭や天然ガスが使われている。

これらは「化石燃料」と呼ばれるが、もともとは地球が何千万年という長い時間をかけて誕生させた生成物なのである。

地下資源は大きく「エネルギー資源」と「素材資源」の二つに分けられる。たとえば、エネルギー資源としては三大化石燃料と呼ばれる石油・石炭・天然ガスがある。素材資源としては、鉄鉱石・銅鉱石・金鉱石、またアルミニウムをつくるボーキサイトなどがある。

石炭は過去の地球上に生育していた大量の植物からできたものである。植物は枯れると腐敗しゆっくりと分解する。一方、分解する前に地下に埋もれてしまった大量の植物遺骸《いがい》は、時間がたつと石炭へと化学変化する。

埋もれるといっても少し土をかぶる程度ではない。地下数キロメートルの地中深くまで埋積されるのだ。そこでは地熱の影響や数キロメートル分もの厚い地層の圧力を受けて、植物の遺骸はゆっくりと変化する。化石の一種となるのだが、これを「石炭化」と呼ぶ。

地球四十六億年の歴史の中で石炭がつくられ始めた時期は、陸上にシダ類などの植物が生育し始めた四億年ほど前からだ。

ちなみに、約三億年前の地層には石炭が多く見つかったため、地質学で「石炭紀」と命名されていることは学校で習ったことがあるのではないか。そもそもシダ類が生まれてから大量に石炭ができるまでには、一億年もかかっているのだ。

石油も石炭と同様の化石燃料で、生物の遺骸が地下で物質変化してできたものである。液体の石油は、地下四キロメートルほどの深さにある地層中に染み込んでいる。

こちらは数億年前の生物の体を構成していた有機物が、地中に埋もれてから何千万年という間に変化し、炭素と水素などを含む化合物へ変成したものだ。

最初に、海底や湖底に堆積したプランクトンなど大量の微生物の遺骸が分解し、砂粒の隙間に蓄積された。これが長い間に変質して原油となり、地層の中を非常にゆっくりと移動する。それが大量に溜まった場所が油田である。

石油も石炭も、有機物が地下に移動して変質し蓄積したものだが、この過程では地球表面を構成する岩板（プレート）の運動が関係している。

プレート運動は時に東日本大震災のような巨大地震を引き起こすため、人間にとっては非常に迷惑なものである。一方で、数億年前の成分である遺骸を地中で原油や石炭に変えてくれたのも、同じプレート運動なのだ。

地中の有機物に圧力と熱を加えて、人間にとって有用な化石燃料へ変化させる極めて優れた「工場」を動かしているのが、このプレート運動である。そういう意味では、視点を変えればプレート運動は人間にとってなくてはならない存在とも言えよう。

●ストックからフローへ

さて話をエネルギーに戻そう。人間の活動は全て外部から得られるエネルギーによってまかなわれる。したがって、人間とエネルギー資源は切っても切れない関係にある。

エネルギー源として使っている石油と石炭は、いずれも人間の尺度をはるかに超えた何千万年という途方もなく長時間をかけてつくられた。ところが、人類は十八世紀の後半に起きた産業革命以後、化石燃料をものすごいスピードで消費してきた。

たとえば、石炭はそのまま燃やして暖を取る燃料としてだけでなく、化学工業や都市ガスの原料として使われてきた。

化石燃料が生成される時間と、我々が使用する時間を比べてみると、驚くべき数字が出てくる。実は、地球が化石エネルギーをつくり出してくれる一〇万倍もの速さで、人間は消費している。

この行きすぎには既に誰もが気づいているが、止めることは全くできない。しかし、私はこの二百年たらずの間に欲望を増大させた生き方を、根本的に変える必要があると思う。地球科学的にいうと、そのキーワードは「ストック」と「フロー」となる。

ストックとは在庫や備蓄を意味する経済学の専門用語であるが、持ち家や株券など、人が蓄える資産という意味もある。ものを抱え込む生活を、私は「ストック」型の生活と呼びたい。現在の資本主義はまさにストックを基に成り立っている。

こうしたストック型の生活から「フロー」型の生活への転換を提案したい。フローとは文字通り、流れながら去っていくものである。キャッシュ・フロー（現金流量）のように、一定期間内に流れた量を指す。

実は、地球上で物質が何億年もかけて循環するプロセスが、一つのフローになっている。かつて人間もフロー的に生きていた。ホモサピエンスが誕生した約二十万年前からの長い間フローの生活を続けていたが、あるときからストック型の生活へと変わっていった。

ここで、人間がどのように自然と向き合い、生活がフローからストックへ変わってきたかを見てみよう。

●農業革命とストック

人類の祖先が地球上に誕生したのは今から七百万年前ころである。現在のエチオピアやケニアの大地溝帯のある東アフリカで生まれた。

その頃の人間は野山を駆けて動物を捕る狩猟生活をしていた。また、木の実や草木を採集し、海や川から魚を捕る漁労中心の生活だった。運よく獲物に出会えばそれを捕まえて食糧にする。木の実がなる季節には採ってきて食べる。まさに自然の流れに従って生きる「フロー」の生活である。

今から一万年前頃までを旧石器時代という。この時期には自分の傍《かたわ》らを流れていくものの中から、自らが必要とするものだけを採取した。そこでは周囲に存在する動物や植物と共存する生活を過ごしていた。

自分たちも動植物や森や川と同じく自然の一部と考えていたのである。そして生きていくために必要な食物は何とか手に入った。

人類の歴史においてフローからストックに大きく転換したのが、農耕の始まりである。今から約一万八千年前に最終氷期の最寒冷期が終わり、気候は全体として温暖化に向かう。それまでの地球は、寒冷気候の極めて厳しい時代だった。

人類は長い間、食糧がなくなれば狩猟と採集を行い、命をつないできた。こうした生活が激変したのが一万年前頃である。実際には、寒冷期が終わったことに加えて、約一万年前の後に気候が安定してきた。こうした変化を利用して、人類があるときに農耕を「発明」したのだ。

農耕の意味するところは、一定時間の未来まで食糧を確保できる保証があることだ。自分たちにとって有益な野生植物を栽培化し、また同時に野生動物をも家畜化する。狩猟という不確実な獲物取得のリスクを、減らしていくのである。

つまり今までは受身であった食糧調達が、能動的な人為的生産と確保に切り替わったのだ。こうした変化は「農業革命」と呼ばれている。

さて、農業革命が起きたとき、自然と人間の両者の間には、ある変化が起こった。つまり人間は自然の一部であるばかりでなく、自然を操作し改変するものとなったのだ。

その結果、人間は過酷な労働に従事することになる。しかし、同時にその自然の改変によって多くの生産物を生み、余剰をつくることができたのだ。そしてその余剰を蓄積することによって、より多くの人口をかかえることが可能となった。

これ以降、それまでの食べ物を求めて移動していた生活から、定住生活へと入っていく。ここでは何よりも大地の生産力を維持し高めることが重要な目的とされた。そのため自然の生命力と交流し、活性化する必要が生まれたのである。

そして人間は、周囲にある自然界全てに宿る「霊魂」や「神」と言ってよいものの存在を認識し、大地から定期的に豊穣《ほうじょう》が得られるよう祈った。

●遊牧民が及ぼした影響

農業生産が高まると、直接農耕に携《たずさ》わらない人々が数多く誕生した。徐々に人口が増え、一定の限られた場所に社会集団をつくって生活し始めた。

そこに所属する人々を統治する体制も生まれ、王・僧侶・書記・戦士・職人・商人などの階層が分化し始めた。また、宗教が組織化され、専門の職種が誕生し、祭儀を行う特定の場所がつくられた。

やがて手工業が発達し、富と財の蓄積と交換が行われるようになった。この頃の地球環境はどうだったのだろうか。実は、都市が生まれ始める紀元前三〇〇〇年前後には、気候上の大転換があった。

我々地球科学者が「北緯三五度の逆転」と呼んでいるものである。紀元前四五〇〇年から三五〇〇年頃までは、北緯三五度より北の地域はとても乾燥していた。一方で、三五度より南は湿潤化していた。

こうした状況が紀元前三〇〇〇年頃以降に逆転し、北緯三五度以北が湿潤化し、それ以南が乾燥し始めたのである。つまり、北緯三五度を境に地球環境が交代してしまったのだ。

その逆転が起こった頃にメソポタミア、エジプト、インダスといった古代の都市文明が誕生した。この乾燥化によって遊牧民が砂漠を追われ、水を求めてユーフラテス川、ナイル川、インダス川などの大河のほとりに移動してきたのである。

これが今から五千年ほど前（紀元前三〇〇〇年頃）に起きた「都市革命」である。ここが地球環境に対する人類のつきあい方の歴史的な分かれ道となった。

概して遊牧民は、定住して農耕を行う民よりも攻撃的である。牧畜を守るために合理的な判断を行い、いったん事あるときには共通の目的に向かって動く。時には、同じように移動している他の民との争いに勝つ必要があり、一族が団結して行動を起こさなければならない。

彼らは統一された考え方を持ち、目的のために何でも利用するというドライな性格を持つようになった。そうした遊牧民が、季節や天候に影響を受けながら生活を送ってきた農耕民へ影響を及ぼしていった。

遊牧民は農耕をしながら定住していた人々と何百年にもわたって接触しながら、次第に都市文明が成立していったのである。北緯三五度の逆転によって遊牧民が定住したのは、人類が地球環境の変化に大きく影響されたからだ。そもそも人間は自然には逆らえないものなのである。

●都市の膨張

さて、五千年前の「都市革命」の頃、遊牧民の移動によって再編された人々は、それまでの血縁集団とは異なり、ある場所に定住する地縁集団をつくっていった。ここで重要な点は、遊牧民が農耕民を管理し精神的にも統合していったことである。

さらに、その頃発明された文字によって、自然や神と人とをつなぐ神話の体系が創出される。こうした文明の進歩や精神世界の発達は、富を集中的に管理する王権の支配を保証するものとなった。この結果、王権と結びついた都市の人口がますます増加していったのである。また自然は、人々を支配するための神々のドラマの舞台となった。

実は、こうした都市は、煉瓦《れんが》を焼き木材を多量に消費することによって維持されていた。そのために、おびただしい量の森林が消滅し、耕地や牧野につくりかえられた。すなわち、都市の膨張は農耕以上に自然破壊を進行させてしまったのである。

その後、時間の経過とともに人間の生活は、気候や風土などの自然環境を利用した農業主体から、石炭や鉄鉱石などの鉱物資源を利用した工業生産主体へと変わっていった。それと比例して、人類の消費するエネルギーが急激に増加したのは周知の通りである。

ところで、人間の暮らしが自然環境に左右された話は、一万年前まで戻らなくても近世にもある。

一七八九年に起きたフランス革命の勃発は、アイスランド・ラキ火山の一七八三年噴火が遠因となった可能性がある。大量の火山灰がヨーロッパ大陸全域にわたる気温低下を招き、農作物の不作が飢饉《ききん》をもたらした。

この頃の我が国の東北・関東地方で起きた天明年間の大飢饉も、ラキ火山の火山灰が地球を周回して太陽光を遮断した影響なのである。

また近年でいうと、一九九一年のフィリピンのピナトゥボ火山の噴火をきっかけとして、アメリカ軍がフィリピンから撤退し、東アジアの軍事防衛地図が変わるという事件もあった。

●産業革命の功罪

長い中世の時代を経て、十七世紀の西欧で近代科学が誕生した。新しい科学技術は十八世紀後半に起きた「産業革命」と結びつき、そのまま今日の文明へ直接的につながっていった。

産業革命の勃興は、同時に西欧至上主義と技術至上主義の始まりでもあった。社会経済的には右肩上がりの時代が連続し、人類が必要とするエネルギーの総量が飛躍的に増えたのだ。

その過程ではエネルギー源の多様化が進行し、石炭、石油、原子力へと転換していった。人類は誕生以来初めて、たとえ一部分であれ自然をコントロールする力を持ったのである。

ちなみに、十八世紀は地球環境の変動が比較的激しい時代だった。たとえば、小氷河期による冷害のために農業生産力が大幅に低下し、さまざまな疫病が蔓延《まんえん》した。

こうした窮乏に直面して、自然の変化に従属するのではなく、人為的に改変し克服しようとする人々が出現した。天変地異に翻弄《ほんろう》されることの多かった当時の思考としては当然かもしれない。

たとえば、十七世紀に活躍したイギリスの哲学者ベーコンは、人間が「力としての知」を獲得し、これによって自然を改造、利用、支配することを提案した。知力に基づいて自然の上に人間の王国を建設しようと考えたのである。

この頃から、自然と人間の間にある一体感が失われていった。それに代わって、人間―自然という縦方向の階層的秩序が現れてくる。まず人間は神の栄光を称《たた》えるために存在する。そして自然は、人間の利益に奉仕するために存在するものと位置づけられた。

すなわち、自然の上位にある人間は、自然を支配し利用する権利を神からさずかってい る、という理念のもとで、新しい生産活動が始まったのである。ここでは人間が産み出した学問、つまり「力としての知」によって自然を分析し利用しようとする、途轍《とてつ》もない行動が開始された。

その後、十九世紀に入ると科学技術が急速に進展した。その結果、人類は地球環境を改変する力を持ち始めたのである。そして二十世紀に起きた二つの世界大戦は、科学の中に潜在する力をまざまざと見せつけた。

さらに二十世紀の後半から、大気中の二酸化炭素濃度の増加や海洋汚染などの環境破壊が、定量的に観測されるようになった。「情報・環境革命」の時代の到来である。

●環境問題には「逃げ場がない」

二十世紀は「大衆消費社会」が出現した時代だが、人類の消費が自然界に大きな影響を持つまでに拡大した時代でもある。

それまでの人類が経験した環境変動は、もともと自然界に存在する変動現象の一部だった。すなわち、何百万年という非常に長い時間をかけて、大気と海洋が相互作用を行いつつ進行した変動現象だった。

ところが、二十世紀後半の人間がもたらした変化は、急激に自然環境を変えつつある。その原因は、人類が獲得した技術が従来なかったほどの高速で進歩を続けていることにある。一万年前の農業革命以降、産業革命を経て、次の進歩が生まれるまでの時間が、桁違いに速くなっているのである。

もう一つ、情報・環境革命の現代には危機的な状況が生じている。これまでは一地域で環境破壊あるいは異変が起こっても、別の地域へ移動し生きのびることが可能だった。

つまり、砂漠の周辺で暮らしていた民が大河の中下流域へ移ってきても、なんら問題はなかったのである。一方では、この移動が文明の拡散というプラスの効果を生み出した。

ところが現在の状況は、これまでの人類が経験してきたような歴史とは大きく異なる。自然環境の変化にしなやかに合わせながら居住地を自在に変えることは、今の世界では不可能である。すなわち、現代の環境問題にはもはや「逃げ場がない」ということを意味する。

二十世紀アメリカの思想家バックミンスター・フラーは、地球を閉じた宇宙船にたとえて「宇宙船地球号」という言葉を使った。閉塞空間の中で人類は増大する欲望に従って、資本主義を際限なく進めた。

その結果として汚れてしまった地球上には行き場がなくなってきた。いわば緩衝剤《かんしょうざい》としてのバッファーが、もはや残っていない状況である。

●昔の生活に戻れるか？

私は「3・11」の後、こうした状況をいかに打開するかを考えた。地球科学の時間軸によって、具体的にどれほど時計の針を前に戻せばよいかを検討してみた。

取り返しがつかない状況に陥る前に、「ストック」に依存する生活をやめて、「フロー」的な生活に戻さなければならないと思ったからだ。

私は最初、江戸時代に戻ればよいのではないかと考えた。江戸時代の日本は鎖国をしていたため、ある程度自給自足のフロー的な生活を残していた。食糧も生活品も国内だけで、需要と供給のバランスがうまくとれていたのである。

もちろん当時の生活には便利な電気などない。夜は行灯《あんどん》の光だけで過ごすのである。そのため一日の行動時間は、日が昇ってから暗くなるまでに限られていた。

蛇口をひねって水が出てくるわけではないので、水くみ一つをとっても時間と労力がかかる。こうした生活では当然、余剰の時間はない。しかし当時の人々は、こうした時間サイクルの中でそれなりに豊かに生きていく方策を考えていた。

たとえば、江戸時代の人々は「遊び」の時間を生み出すために、さまざまな工夫をしていた。当時の文化が高度に花開いていたことは周知の事実である。

環境的にも文化的にも、江戸時代はちょうどよい加減の時代だったのである。ここから電気やインターネットを使うばかりが能ではないことを学ぶことができる。

しかし、現実問題として、二十一世紀の我々にそのような生活はもはやできないというのも事実だろう。電気、ガス、上水道、下水道、交通網というライフラインがなければ、現代人は生きていけない。

しかも、その全てが電気で動くコンピュータによって成立している。さらに、電話やインターネットをはじめとした通信網によって情報活動が維持されている。その全てが存在しない生活へ戻ることは、今となっては不可能だろう。

蛇口から水が出てこなくなると、途端に困ってしまう。我々の周囲には井戸がない。もし大都市に直下型地震が来たらすぐに想定されることだが、人力で地下から水が得られるところはほとんどないのである。つまり、現代の大都市には、江戸時代の生活すら確保できない状況をつくってしまったのだ。

私は江戸時代の生活がエネルギー的にも理想だと思いながらも、ここまで戻るのは無理だと考え直した。次に、戦前くらいなら何とかならないかと考えた。電灯は点《つ》いていたが、エアコンはない。しかし、それもまだまだ難しそうである。

そこで私は、三十年前くらいまでなら戻れるのではないかと考え始めた。一九八〇年代を思い起こしてみると、ちょうど私は社会で働き出した頃だが、今より遥かに人や天然と触れる機会が多かった。

すなわち、インターネットも携帯電話も存在せず、バーチャル・リアリティーよりもリアリティーに即した暮らしをしていたのだ。

つまり、リアルな世界が当たり前だった頃の生き方に戻ればよいのではないか、と私は考えたのである。

●資本主義的フローの危険性

さて、ストック生活のおかげで、物質に溢れた贅沢な生活が始まった。これは、人為的に欲望が肥大化させられた結果として生じた「豊かな生活」である。コマーシャリズムによって、どれほど必要のない欲望に振り回されているかに思いを巡らしてみよう。

これまで資本主義社会は、大衆による大量消費が支えてきた。たとえ必要がなくても次々と商品を買うことによって、経済が回るのである。ある意味で、資金と物資の絶え間ない流れを作り出すことこそが資本主義の本質である。

ある大会社の社長が私に語ってくれたエピソードがある。その会社の製品は世界的に高品質という信頼を得ている。その信用を得るため、商品開発には精魂が込められている。その結果として信頼性の高いものができると、当然、耐久性も上がる。

私は社長に「貴社の製品は長持ちするので好きですが、あまり長持ちすると製品が売れなくなりますよね。すると利益が上がらず困りませんか？」と尋ねたことがある。

これに対する彼の返事には驚いた。「我が社の製品は二十年以上使い続けても全く差し支えない。製品の品質になんの問題がなくとも、自分が持っているものが〈陳腐〉だと思ったとき、お客様は新製品を買ってくださるのです」。

つまり、長年使える商品をつくる一方で、旧製品が陳腐と思われるような新しい機能の付いた製品を出し続けるというのだ。こうして会社は創業以来売り上げを伸ばし続けている。

このシステムは地球科学的なフローではなく、人為的もしくは資本主義的なフローそのものである。生活で必要なものが既に充足していても、目先を変えて新たに欲しいものを買い換えさせる。人々の欲望を絶えず刺激する方向へ、全ての経済活動が向かっているのである。

その甲斐あって消費は増大し、経済は右肩上がりを続ける。そして資源は枯渇し、地球環境はますます破壊されていくのである。この社長は何一つ悪いことをしていないが、彼の話にどこか違和感を覚えた方は健全だと思う。

次から次へと商品を買い続けることで成り立つ資本主義的フロー。我々はこの会社の戦略のように、行きすぎた資本主義の間違ったフローに振り回されてきた。これに疑問を持たなくなった結果が、エネルギー資源と鉱産資源を使い果たす経済を生み出した。こうした行きすぎた消費は、どこかで抑制しなければならないだろう。

これは首都東京への一極集中の問題とも繋がっている。首都圏に三〇〇〇万人以上の生活を安全に維持することには、もともと無理がある。たとえば、東京で「地産地消」は不可能だ。

大量消費経済の回転速度は、もはや限界に達している。限度のない欲望に支配された都市では、いくら資源があってもいずれ使い果たしてしまう。都市が支える資本主義は、地球科学的に見ても末期的な状況にあるといっても過言ではない。

人口密度が極端に高いところは、物流にも過剰な負荷がかかっている。震度5弱の地震ですら電車が止まり、何十万人の足が乱れるというのでは、もはや安全な都市とはいえない。

これに加えて首都直下地震がいつ来ても不思議ではないのだから、基本的に首都圏は世界の戦闘地域に勝るとも劣らない「危険地帯」なのである。こうした事実を冷静な頭で認識することは、日本人にとって極めて大切だろう。

と言って、あまりに短兵急《たんぺいきゅう》な思考ではパニックと不安を引き起こすだけである。たとえば、「3・11」の直後に日本から一度に外国人がいなくなったり、乾電池やペットボトルの水がスーパーから消えたりするのは、同じく短絡思考の結果なのである。

●「手間」の中にある大切なもの

少し身近な例で考えてみよう。我が家では、食材は地球科学の文脈でフロー的なものを購入する。

日々の新鮮な野菜、肉、魚が食卓に並ぶが、毎日買いものに出かけ、一日に食べる量だけを購入する。というのは、冷凍庫に大量に残っているしなびた野菜からつくる料理は、決しておいしいとは思えないからだ。この考え方は「スローフード」と通ずるものである。

毎日買いものに行くには当然時間がかかり、それだけ忙しくなる。しかし、これは必要な時間だと私は思う。その時間を捻出《ねんしゅつ》するために、他のことは合理的に行動して、時間を生み出しているのである。

ちなみに、私は大学の講義で学生たちに時間こそ最も大事だと説くが、それは日常生活でスローフード用の時間を確保するためでもある（拙著『成功術　時間の戦略』文春新書を参照）。地球科学的フローの生活とは、本当に必要なことには時間をたっぷりと使う生活でもある。買いもの一つ、掃除一つをとっても、時間を上手にやり繰りしなければならない。

そのため何を省いて何に時間をかけようか、と常に頭を使う。毎日よく考えながら少しだけ物を購入して、工夫して食事をつくるという生活は、とても人間的だと私は考える。

たとえば、蒸《む》しタオルをつくるときを考えてみよう。一番手っ取り早いのは、電子レンジでタオルを温めてしまうことである。

しかし、私はあえて、沸かしたお湯にタオルを浸して、タオルを絞るのが好きである。「あっちっちっち」と思いながら、手間をかけてタオルを絞るときに、人の気持ちが乗るのである。そうした蒸しタオルで温めてもらったら、体が芯から温まる気がする。

文明の利器を使って、手早くタオルを温めてしまうのでは、人間の思いが忘れられてしまう。効率的な生活にどっぷりと浸かっているうち、何か大切なものをなくしてきたように私には思える。

たとえば、「手間」という言葉は「手」と「間」と書く。その手の間にあるものを思い出すことが、これからの生活ではとても大事なことではないだろうか。

右肩上がりの経済が人々の幸せを支えてきた時代は、「3・11」で終わってしまった。多くの経済学者が予測しているように、これからは確実に右肩下がりの時代が到来する。停滞の時期が長く続き、その後はゆっくりと下がっていくらしい。

しかし、右肩下がりの時代だからこそできることがいくつもある、と私は思う。

たとえば、東日本大震災後の節電により、本屋さんの売り上げが伸びた地域があると聞いた。夜通し飲み歩いたりカラオケに行ったりしなくても、夜は静かに読書ができる。本当は知的で豊かな生活が、すぐ目の前に来ているのだ。

これに気づけば、右肩下がりの時代は何も怖いことはない。

●「地球科学的フロー」という考え方

まず我々がしなければならないのは「発想の転換」である。それまで当たり前と思っていた考え方をチェックして、不合理なものは思い切ってやめる。「断捨離《だんしゃり》」の発想にも近い。

そうした際に役立つキーワードとして、「地球科学的フロー」を提案したい。欲望の肥大による無駄な消費を促す資本主義のフローではなく、地球環境にとっても、また人間の「体」にとっても合理的な「フロー」である。

現在の日本社会は、エネルギー問題に関して間違った選択をしはじめている。つまり、自分たちの生活を一つも変えようとせず、膨大なエネルギーをどこか別の場所に要求している。右肩上がりをひたすら維持しようとする表れで、これでは問題は何も解決しない。

現在、話題となっている事柄に、自然・再生可能エネルギーへの転換がある。ところが、この転換にも問題がある。実際には自然・再生可能エネルギーが使えるようになるまで、別の膨大なエネルギーが必要となるからだ。

これはエコカーの代表となっている省エネ自動車についても当てはまる。脱石油・脱ガソリンを徹底しようとしたら、相当量の蓄電池を用意するために莫大な資源とエネルギーが消費される。

また、巨大な風車をつくるために必要なエネルギーを考えたことはあるだろうか。同じく、太陽電池をつくるため、どれほどのエネルギーがいるのか。さらに、風車が耐久年数を過ぎて処分される時のエネルギーも考えなければならない。

地熱発電も同様で、地下から熱水を汲み出す坑井は時間とともに詰まっていく。よって、発電を維持するには、井戸を新たに掘り続けなければならないのである。

このように自然・再生可能エネルギーの活用には数多くの落とし穴があるが、見落とされている。その理由は、部分的にしかエネルギー問題を見ていないからだ。社会全体で消費する資源とエネルギーの総量を減らさなければ、本当の解決にはならない。

結局、高エネルギー消費の生活を変えなければ、根本的には問題の先送りにしかならない。目先だけを改善しようとしてもダメなのだ。

●システムの変更

ここにはシステム変更を行うかどうか、という重要な判断がある。「人生の決断」にも関わるテクニックなので、少し詳しく紹介しておこう。

私はかつて理系的な仕事術の要諦は「システムの変更」にあると述べた（拙著『ラクして成果が上がる理系的仕事術』ＰＨＰ新書）。

もし何かを行ってみてうまくいかなければ、これまでの方法を実験的に、しなやかに変えていくという方法論である。

これは、思考を固定することや過去に固執《こしつ》することを嫌う考え方でもある。大地が動かない西洋の風土で考え出された、「永遠なるもの」「不動のもの」を求める考え方ではなく、柔軟に臨機応変に変えていく思考法なのだ。

ここには思わぬ落とし穴もある。かつて私は、システムを変更する際の注意事項として、変更に伴ってエネルギーの総量が少なくならなければならない、と述べた。すなわち、システムを変えたあとで効率が悪くなってはいけないのだ。

もし、エネルギーが大幅に減るような変更でないのであれば、そもそもシステムは変えないほうがいいからだ。

すなわち、何でも変えてしまえばいいのでは決してない。しばしばシステムを変えたあとで、消費するエネルギーがずっと増えてしまうことがある。これは明らかに失敗である。すなわち、エネルギー総量が少なくなる場合に限って、システムを変更することに意味がある。

人間は基本的に保守的な動物なので、システムを変えるのが苦手である。しかも、システムを変えたあとにどうなるかについて想像力が働く人は、そう多くはない。よって、何でも安易に変えてしまうのは大変危険だ、と私は注意を喚起するのである。

右肩上がりの経済が人々の幸せを支えてきた時代は終わった。ところが多くの人は自分たちの生活を一切変えることなく、システムの変更が可能だと思っている。

しかし、システムを変える際に失うエネルギーは半端なものではない。ここにも目を向けなければならないのである。したがって、石油などの化石燃料の代替エネルギーを考える際にも、よく考えなければならない。

我々は目先の損得に振り回されて、その向こうにある「リスク」を忘れがちである。耳に優しい言葉だけに動かされることなく、見えない未来を想像する力が大切なのである。

●西洋で生まれた思考から脱却すべし

人類が経てきた自然との関わりを振り返ると、地球環境問題は西洋で始まった価値観に原因があることに気づく。日本列島は世界有数の「動く大地」だが、西洋の安定大陸は全くと言ってもよいほど動かないからだ。

そして、何事も進歩することを前提とした考え方は、「3・11」で崩れ去った。一方、我々の祖先は日本という変動帯の上で何十万年も生き延びてきた。したがって、今、日本にとって特に必要なことは、大地の動かない西洋で生まれた思考から脱却し、「大地変動の時代」を受け入れる生活スタイルをめざすことなのである。

西洋文明の効率主義に従って、人と富と情報が大都市へ集中し始めた。人間に限らず、そもそも生物とは、エネルギーさえ得られれば増殖するものである。

もし放っておかれれば、際限なく増える方向に進んでしまう。こうして増え続けてある閾《いき》値《ち》を超えると、その瞬間から集団が崩壊し絶滅に向かう。

人と富と情報の集中を合理的にコントロールしないと、自然災害を極端に増幅させてしまう。都市への集中が継続し、東京などメトロポリタンがさらに肥大化すると、思わぬ弊害が生まれる。たとえば、首都圏に林立する超高層ビルは、長周期の地震に対して非常に脆弱である。

しかし、こうした流れは決して不可避なものではない。高度な脳を持つ人間は、意識的に「分散」を図ることができる。

大事なポイントは、人口過密状態に陥った都市の過剰エネルギーをコントロールし、的確に「集中」と「分散」を図ることである。そして喫緊の課題は、南海トラフ巨大地震が起きる前に、速やかに人口・資産・情報の全ての点で地方へ分散し、少しでもリスクを減らすことである。

これは地方分権といった行政上の話だけでなく、政治・経済・資源・文化・教育の全分野にわたって必要な行動である。

過度の集中の弊害に気づいた時点で、分散を敢行し「リスクヘッジ」を行う。それが世界屈指の変動帯、日本列島に住み続ける最大の知恵なのだ。

第六章

「大地変動の時代」に必要な生き方

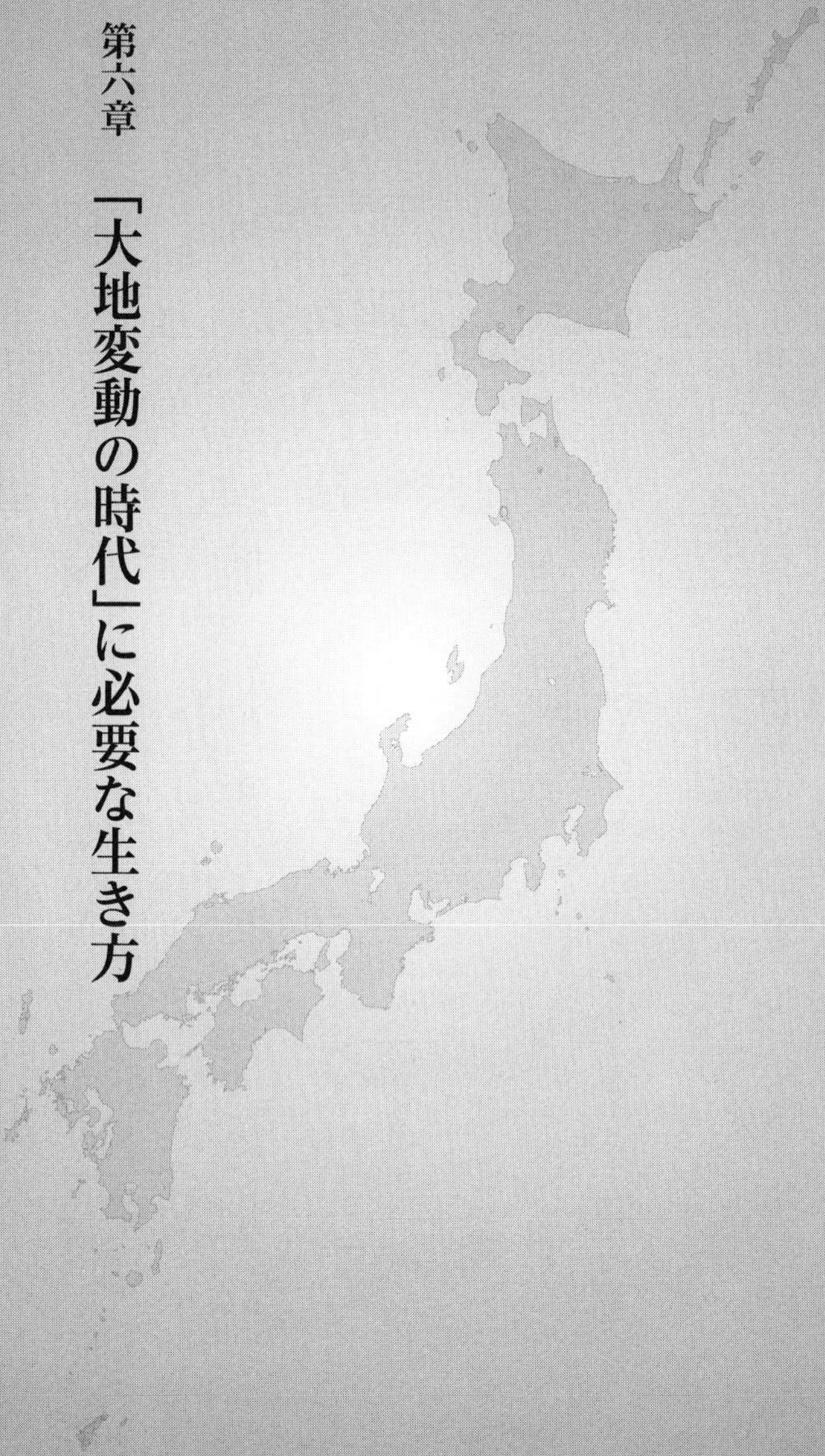

●3・11から学ぶべきこと

「大地変動の時代」を迎えた日本人は生き方をどう変えるべきだろうか。まず言えることは、電気を大量に使う冷暖房、エネルギーを大量に使った食べ物といった「文化装置」を可能なかぎり減らすことである。

我々が暑さ・寒さをしのげるのは、電気というエネルギーを使うからだ。電車やエレベータも電気で動く。アフリカ沖のマグロは大きなエネルギーを使って漁獲し運搬され、時期を選ばずに食べられる甘いトマトも、膨大なエネルギーを使って水耕栽培で育てられたものだ。人間の活動はお金も何もかもエネルギーに換算できる。

快適で便利なものを全てエネルギー換算してみると、我々の生活は夥《おびただ》しいエネルギーを使って成り立っていることに気づく。その暮らしが破綻《はたん》しつつあることを「3・11」は教えてくれたとも言えよう。

ここで私の広めたい標語が、先述した「ストックからフローへ」である。無限に拡大する欲望に応じて、石油や石炭など化石燃料の備蓄を際限なく消費するのではなく、歩いて二十分の距離なら歩こうといったベタな提案である。

巨大地震が起き節電生活が始まった「3・11」直後に、日本人は生活を根本から変えないといけないと思った。当時はこの「ストックからフローへ」の考え方が腑《ふ》に落ちる人は多かったと思う。ところが、こうした記憶が風化するにつれ、元の木阿弥《もくあみ》になってしまった。

エネルギーの確保には現代文明の持つ根源的な課題がある。二十世紀の後半から「楽に、快適に、速く」というスローガンに従って現在まで突っ走ってきたのだが、度がすぎて歪《ひず》みが至るところに生じてきた。「楽に、快適に、速く」を少し減らした方が人間らしい生活ができることを我々に気づかせたのが、「3・11」なのである。

ここでは、「いま可能な領域からやる」という戦術が大事である。「一かゼロか」といった短絡的な判断で、文化装置を全部やめるのは無理である。一度楽になってしまった生活を元に戻すのは非常に大変だからだ。

たとえば、クーラーを全て取り外してしまうのではなく、「冷房の二二℃設定を二八℃に」というところから始めるのである。そして、文化装置を少し減らしてみると、実はそのほうが快適だということが実感できる。文化装置を減らすと日本の経済が落ち込むという議論があるが、そうではない領域も少なからず存在する。

「いま可能な領域からやる」という意味では、「3・11」直後の電力供給で障害となった東日本と西日本の周波数（ヘルツ）の違いを解消するチャンスがあった。

従来、西から東へ電力を送るときは一〇〇万キロワットしか送れない制限があったのだが、周波数を統一するという大英断も可能だった。国家百年の計は、国家的な危機を「利用」してしか発動できないのだ。

たとえば、変換機をつけて一〇〇〇万キロワットまで上げる下策ではなく、統一された周波数によって日本全国どこでも同じ電器が使える上策があった。省エネ新型電器の買い替え需要も生まれるし、新しいビジネスがいくつも誕生したはずである。

つまり、「ピンチはチャンス」であり、首都直下地震と南海トラフ巨大地震でも同様の新しい発想が生まれるはずだと私は信じている。

●「気流の鳴る音」が聞こえる

ここで文化装置を減らす生き方を研究している学者を二人紹介したい。

一人目は社会学者の見田《みた》宗介・東大名誉教授で、かつて真木悠介というペンネームで『気流の鳴る音』（ちくま学芸文庫）という名著を書いた。

私もかつて見田先生の講義を受けたことがある。この本に出会ったのは一九八五年、三十歳で阿蘇の研究に没頭して博士論文を書いていた頃である。

当時の私は火山学者として脂がのりきっていた。昼間は阿蘇のフィールドワークを行い、岩石の分布や重なり具合などの緻密《ちみつ》なデータを集めた。アタマをフル回転させながら最先端の研究を行い火山学に新知見を投入しようと、一所懸命に研究をしていたのだ。

そうした毎日を過ごしながら、私の夜の楽しみは、阿蘇の大地の恵みである温泉に浸《つ》かり、ゆったりと読書をすることだった。昼間仕事をする自分とは全く別の自分が現れ、書物の中に遊ぶのを唯一の楽しみとしていた時代である。『気流の鳴る音』はそうした夜に出会った本なのである。

「気流の鳴る音」とは、未開地域で原始的な生活を送っている人々が、何十キロメートルも遠くで気流が鳴る音を聴くことができる、という世界を表現している。

こうした「未開」民族が、我々文明人が及びもつかないような五官の能力を持っていることは、二十世紀の社会人類学者たちが次々と明らかにしてきた。

たとえば、フランスの思想家レヴィ＝ストロース（一九〇八～二〇〇九）はインディオ社会を調査し、「未開」社会は文明社会よりも決して劣ったものではないことを例証した。実際、彼らはほとんど信じられないような聴覚や視覚を持っており、「気流の鳴る音」もその一例である。

よく考えてみると、我々も「気流の鳴る音」以上に遠くにある音を、電磁波を使って聴くことができるのである。ラジオやテレビから始まり、今ではインターネットを用いて地球の裏側で起きている事件までリアルに見聞きできる。

しかし、著者の真木悠介は、こうした文明の利器によって、我々人間が持つ体の器官を使わなくなったことに鋭い視線を向ける。

現代人は電車やバスのおかげで、昔の人ほど歩けなくなってしまった。たとえば、京都と大阪の距離は四〇キロメートルほどであるが、坂本竜馬や勝海舟は簡単に徒歩で往復していた。今、電車に乗らずに歩いて行ってこい、と言われたらたいていの人は尻込みするだろう。

電話やテレビが我々の聴覚や視覚を退化させた結果、自然界から情報を受け取る基本的な能力が大幅に減退してしまった。「気流の鳴る音」が聞こえないことは、「感性のアンテナ」を失ったことを意味する。

人類が文明を持つようになってから喪失し続けてきた巨大な落とし穴の、いわば小さな「露頭《ろとう》」を見ていることに他ならない。つまり、大切なものを失ったにもかかわらず、そのことに気が付いていない恐ろしさを知っていただきたいのである。

●幸福な部族

真木はメキシコのマヤ文明が遺した古代都市ウシュマルのピラミッドの上に立ち、さまざまな思索を巡らす。ここから見える景色は、見渡す限りの鬱蒼《うっそう》とした原生林のジャングルだった。

「樹海」という言葉はこうした景観を表現するために用意されているのだろう。樹木がほぼ同じ高さで延々と連なっている中で、ウシュマルのピラミッドだけが屹立《きつりつ》しているのである。

著者はピラミッドと樹海の関係を、人間と自然界のアナロジー（類似型）と捉えることができるという。見事なピラミッドのおかげで、マヤ人たちは樹海の中で視界を得ることができた。しかし、遠くを見ることのできる視野を得たがゆえに、失ったものもあるのである。真木はこう書く。

「ピラミッドとはある種の疎外の表現ではなかったかという想念が頭をかすめる。幸福な部族はピラミッドなど作らなかったのではないか。テキーラの作られないときにマゲイの花は咲くように、巨大な遺跡の作られないところに『生の充実』はあったのかもしれないと思う」（『気流の鳴る音』ちくま文庫、三四～三五ページ）

ここに出てくる「マゲイ」とは日本名を竜舌蘭《りゅうぜつらん》といい、アロエを巨大にしたような植物である。マゲイの花は一生に一度だけ咲き、種をつくると枯れてしまう。

このマゲイの樹液は「蜜水」と呼ばれて大変に珍重されてきた。この蜜水からはメスカルというお酒が作られるが、我々にもお馴染《なじ》みのテキーラは、このマゲイを文明人が蒸溜させたものだ。

さて、ピラミッドやテキーラと同じように、テレビやラジオの技術を持ったことにより、埋没してしまった人間本来の豊かな感性を取り戻すことは可能だろうか、と著者は我々に問いかける。

ピラミッドとは、一つのメタファー（隠喩《いんゆ》・たとえ）である。人類は科学技術を進展させることにより他の動物たちから抜きん出て、一人だけ高く聳《そび》えようとした。ピラミッドの高さは文明の到達点を表している。

しかしながら同時に、これと引き替えに人間は、本来有していた五官によるコミュニケーション能力を失ってしまった。このエピソードには、人間の「疎外」がマヤの古代から既に始まっていることを想起させる。すなわち、文明を持つこと自体が、人間が持つさまざまな力を削り取っていく二律背反《にりつはいはん》の世界にあるのである。

たとえば、人類が「言葉」を持ったことも例外ではない。人は言語の力で自らの気持ちを伝え、知識を正確に伝達できるようになった。一方で、森羅万象を言葉を用いて抽象化して表現することによって、物自体の質感や輝きは置き忘れられていく。

真木はこう描写する。「われわれの耳は言語へと疎外されているから、全ての〈ことば〉を言語として聞く。そして言語化しえないことばは、きこえない」（同書五九ページ）

このように聞こえなくなってしまった自然界の声を、どのように復活させたらよいのだろうか。我々が言語を取得することにより鈍ってしまった感性を呼び起こしたい、と私は切に思うのである。『気流の鳴る音』を読み終えたあと、三十年ほど前の私はこんなメモを記して本に挟《はさ》んでいる。

「何のために火山を研究するのか？　研究をどんどん進めていき、次々と論文を出して、自然のからくりを理解していって、物事の本質をつかむためか？

しかし、それらは本来、急いでやることではないのではないか。自分自身のペースで自然を理解し、見る眼を徐々に豊かにし、自然のからくりをゆっくりと解き明かし、少しだけ論文を書き、おちついて着実に知性の営みを続けていくこと。それがほんとうの目的なのではないのか？

急いで真実を明らかにすること、研究成果をあげること、研究競争の中で他者に勝つことではなく、周囲に気を十分にくばり、自然と人間について深く知り、感覚鋭く反応し、素晴らしい出逢いに感動し、新鮮な驚きをもち、じっくりと理解し、自信を持ち、世界に満足し、日々をゆったりと過ごしていくことではないのか。

本当の私の人生目標は、まとわりつく現代生活のしがらみに振り回されず、みずから空回りせず、虚偽の衣をはがし、本来の私の姿と本質的な生き方に近づくこと。そのためには、よく見ること、よく聞くこと、よく味わうこと、よく感じること」

今読み返してみると少し恥ずかしいが、何とも瑞々《みずみず》しい感じもする。私は三十歳の頃から、『気流の鳴る音』を時には思い出し、やがて忘れ、また再び思い出し、ということを繰り返してきた。

時にはこうした言葉に動かされ、悩み、思索しながら生きてきたようにも思う。しかし、「3・11」後の今こそ、この感覚を実際の日常生活に生かさなければならないのではないか、と思うのである。

人間がとらわれてしまった言葉と知識と学問の罠《わな》。科学者である私は、知識と科学の力をもちろん否定はしない。しかし、「大地が動く」日本に生きる我々は、二律背反の桎梏《しっこく》から逃れる知恵を必要としているのも事実なのである。

●「流れ橋」に見るしなやかな生き方

かつての日本には、「大雨が降ったら川は氾濫《はんらん》するのが当たり前」という見方があった。よって、氾濫した水に抗《あらが》うのではなく、むしろ流れやすい橋桁《げた》を架けることで、自然の力に寄り添うという発想が生まれた。「流れ橋」というアイデアであるが、非常に合理的な考え方だと私は思う。

流れ橋の特徴は、氾濫のあとに残った橋脚の上に橋板だけを掛け替える、というものである。流木などがぶつかった際に橋板に大きな力がかかり、橋全体が破壊されることがある。

それよりも橋板を流してしまうことで基盤の橋脚を守り、後の復旧作業をラクに行うという昔ながらの知恵である。橋板に紐《ひも》をつけておきリサイクルすることもあるそうである。何としなやかな発想だろうか。

ここでもう一つ大切な点がある。橋板が復旧するまでゆっくりと待つ、ということである。

効率だけを重視するのではなく、できあがるまでの数週間ほどを静かに待てばよいのである。その間に、流されずに残っている橋まで道を迂回《うかい》することもできるだろう。最短の距離と時間で目的地に達しなくてもよいのである。これからの日本人には、こうしてゆっくりと待って生きる生き方が必要なのではないか、と私は思うようになった。

今まで当たり前のように使っていたインフラがなくなっても、工夫することで生活に支障をきたさずに暮らす知恵である。そのことに関して、二人目に紹介したいのが文化人類学者レヴィ＝ストロースである。

●「ブリコラージュ」の発想

我々が暮らしている現代社会は、急速に進歩を遂げてゆく社会である。これに対して、アフリカや南米で残っている「未開人」の社会には、何千年も変わらない社会がある。

文化人類学者のレヴィ＝ストロースは、こうした「未開」社会を研究し、彼らにとって意味のある極めて合理的な社会があるという驚くべき発見を次々と行った。「未開」という言葉から連想されるような劣った暮らしをしているわけでは決してなかったのだ。

文明社会では、西洋も東洋も絶えず変化してきた。こうした変化の激しい社会は、「熱い社会」と呼ばれ、歴史を持っている。

これに対して、石器時代からほとんど変わらない暮らしを続けている「未開人」の社会には、歴史がない。こうした社会は「冷たい社会」と定義される。

現代人は進歩がよいと思い込まされているから、「熱い社会」のほうが「冷たい社会」よりも優れていると考えがちだ。しかし、「熱い社会」は資源とエネルギーを食い潰す社会でもある。地球環境問題などで、「熱い社会」をそのまま維持することは困難になりつつある。

一方、「冷たい社会」は、エネルギーの消費が少ないために、何千年も生活が維持できた。

ここから、進歩史観は人間を幸福にしないのではないか、という考えが生まれた。

レヴィ＝ストロースの主著『野生の思考』（みすず書房）とは、「未開」民族のもつ考え方であり、文字や機械を持たずに大自然の中で暮らす知恵である。

すなわち、「野生」という言葉には文明から遅れたという意味はなく、与えられた自然環境の中で生き抜くポジティブな視座が込められている。文字文化を持たない彼らは、文明人の知らない豊かな儀礼や神話や親族関係を有し、近代の科学的思考を超える面も持つ。

たとえば、「未開人」の社会には、今そこにあるものを使って逞《たくま》しく生きていく知恵がある。レヴィ＝ストロースは「ブリコラージュ」という言葉を使い、彼らの優れた知恵を紹介する。

フランス語のブリコラージュ（日曜大工）には、周囲にあるもので椅子や犬小屋を作ってしまうという意味がある。あり合わせの材料で器用に目的を達するのである。

確かに彼らが暮らしの中で所有できるものは、現代人と比べれば桁ちがいに少ない。コンビニもなければ電気も水道もない。大自然に存在するものだけを用いて命をつなぎ、満天に星が広がる夜空を眺めて暮らしている。

今の日本では豊富にあるものがなくなると不安になり、ストレスを感じる人が少なからずいる。食料の買いだめなどその最たるものだろう。しかし、生きる上で本当に必要なものは何だろうか。

レヴィ＝ストロースは、未開民族がありあわせの材料で目的を達するさまを、驚きと称賛の目で書き綴《つづ》っている。日常でどれだけ工夫して、必要とするものを創り出せるかが、生死を分けることになるからだ。

その土地のものを使う「地産地消」はブリコラージュの延長にあり、低エネルギー生活のベースになる。こうして少しでも文化装置を減らしていくと日本全体では膨大なエネルギー削減になる。

実は、ブリコラージュは私のような科学者にも関係がある。実験研究をしようというとき、とりあえず入手できるものを使ってやってみるのだ。実験器材だけでなく、コンピュータのプログラムから数学的理論まで、使えるものは何でも使うという知恵を働かせなければならない。

こうした制限された環境の中で仕事を進めてゆく能力があれば、ほかの現場でも役に立つ。「未開人」が生き抜いてきた知恵には、知的な逞《たくま》しさの持つ汎用性が隠れているのである。

●体の声を聞く

次に、冒頭でも触れた、野口晴哉《はるちか》という昭和の思想家を紹介しよう。彼は動物が本来持っている生命の力を呼び戻すことの重要性を提唱している。

言葉による意識の世界をつかさどる大脳を中心とする「錐体系《すいたいけい》」ではなく、自律神経や意識外の動きをつかさどる「錐体外路系《がいろ》」の働きを増すことが大切だと述べる（野口晴哉『風邪の効用』ちくま文庫）。この見方は、西日本大震災を乗り越える大きな力となるのではないか、と私は考えている。

錐体外路系の働きが鋭い人は、地震の前に危険を察知するようである。私の知り合いにも、なぜか危ないときには必ずその場所にいない、という人がいる。

たとえば、ふとした思いで歩く道を変えたため、交通事故の現場に遭遇せずに済んだという人だ。それは全くの偶然なのかもしれないが、その人は普段の生活の何かが違うのかもしれない。こうした直観は、気流の鳴る音が聴こえる能力と無縁ではないだろう。

こうした感覚を摩滅させないために、私は体の動きを整えることが大切なのではないかと思う。真木悠介が語っていたように、かつて人間の誰もが持っていた野生の感性と感覚を呼び起こすのである。これは知識や科学の重要性とは別の次元の話であるが、どちらも大切だと私は思う。

「大地変動の時代」に日本列島が入ったことは、全て知識ベースの現代地球科学の力で予測できることである。自分の身を自分で守るためには重要な知識であり、不可欠の情報である。

そのことを十分理解した上で、野口晴哉の主張する「錐体外路系」の訓練も必要ではないかと私は考える。人生のサイクルに「動く大地の時代」の始まりを組み込みながら、自らの身体の五官の力も高めていきたいのだ。

科学は全てを予見できるものではない。地球の現象には、私のような専門家にとっても驚くべき事実が少なからずある。まず「自然界は全てこうした構造にある」という認識を持たなければならない。

常に正確な情報をリアルタイムで取得し、臨機応変に自分の行動を変える必要があるのである。過去に立てた方針や古いシミュレーション結果に引きずられて行動すると、思わぬ失敗をする恐れがある。日々新しく発生する事実を敏感にキャッチする習慣を持つことが大切なのである。

●体は頭より賢い

緊急時において、人間の体は本当に行動すべきことを知っている。このことを私は「体は頭より賢い」と表現した（拙著『座右の古典』東洋経済新報社）。もし整った体になれば、自分の体が最も安全で正しい道を指し示してくれるからだ。

このように本来、体が持っている力を全力で発揮する生き方をすることが「大地変動の時代」には大切なのだ。

私は講義の中で若い学生たちに向かって、「頭でっかちはやめよう」「体は頭より賢い」とよく語る。知識、データ、シミュレーションばかりに頼るのではなく、自分の「体が知っている」ことに信頼を置いてみようという提案だ。たとえば、節電で夜の町が暗いと、そこから、かえって自分の感覚がよみがえることがある。

サバイバルで言うと、東日本大震災でも「血圧の薬を飲まないと不安」と思っていた人が、避難所で二週間飲まなくても元気だった、というようなことが起きている。今回、「もしかすると私は薬がなくても大丈夫」と思えるようなことが、日本中で多くあったのではないかと思う。

身体はより自然界に近い。頭ばかりではなく、もっと体を使うことを提案したい。常日頃から自分の身体を感じるようにして「自律」と「自立」を開始する。体の出すサインに敏感になり、「身体本位性」で情報を判断していく。「大地変動の時代」は、こうした新しい生き方を始めるチャンスでもある。

●自分の体のサインを知る

私の友人に極めてしなやかな生き方を実行している男がいる。東京で超多忙の毎日を送っているのであるが、月末には大都会の喧噪《けんそう》を逃れて太平洋に浮かぶ南の島へ雲隠れしてしまうのだ。

彼は、日常を時間に追われているからこそ、「たまには居場所を変えなければ」と言いながら、宿の予約もせずに突然行ってしまうのである。携帯電話やパソコンは言うに及ばず、着替えすら一切持っていかない。

彼はその島に着いてから泊めてくれる宿を探し、売っているものを食べて、一日中ボーッとして過ごす。月末だけでも遊び感覚でブリコラージュで暮らそうとするこの友を、私はとてもしなやかな生き方の人だと思う。

この友人ほど緊張感の中でしなやかに生きる鍛錬をしなくても、普段の生活で少しでも上手に対応したいものである。たとえば、何にでも「過敏」に反応するのは控える方向で自分に言い聞かせるとよいと思う。眉間《みけん》にシワがよってきたら、ちょっと要注意である。どうせシワをつくるなら、目尻にしたいものである。

私自身、自分が追い詰められて過敏になるときの体の変化を知っている。ちょうど肋骨《ろっこつ》の下にある鳩尾《みぞおち》が硬くなってくるのである。何ごともないときから鳩尾に手を当てるようにしていると、ここに異変が起こるとすぐにわかる。

こうした体の感覚は、人によってみんな違う。首が痛くなる人や手に汗をかく方もいるだろう。普段の状態と緊張や過敏になったときの違いを知っていると、とても便利である。

●無意識に、大地の変動を認識する日本人

さて、「3・11」のあと、私は東京で眉間にシワがよった人たちをたくさん見かけた。大変なことが起きたと思いながら、ストレスを感じたあまりヒステリックになった人と、その反対に目前の問題解決へ静かに踏み出した人の両方がいた。

後者のしなやかに解決へ向かった人を、特別だと思わないでいただきたいのである。誰でもしなやかに生きることが十分に可能であることを認識してほしい。

我々日本人の祖先が幾多の自然災害をくぐり抜け、子孫を育んできてくれたからこそ、今日の我々がいるのである。そこには何かしらの強靭《きょうじん》なＤＮＡが引き継がれていると思う。

地震や津波や台風による災害に対して果敢に立ち向かい、必死で解決しようとしている人々の何と多いことか。そのことを一番よく知っているのは、我々日本人なのである。

「3・11」の直後に日本から逃げ出した外国人が数多くいた。大地が動くことを許容できない西洋の人々には、とうてい耐えられない状況だったのだろう。逃げ出したまま帰ってこない人を責めるつもりはないが、私は日本人でよかったと思っている。それは、自分の中にある力強さを感じているからだ。

こうしたことは過去にはいくらでもあったと、自分の無意識がどこかで認識している。日本列島は常に大地が動いている場所である。数十年から数百年に一度くらいは、途轍もなく大きな天災に遭遇せざるをえない。それでも日本人は絶滅することなく今日まで生き延びてきた。

我々には近い将来の大変動を乗り越える知恵がきっと組み込まれている。自然がもたらす変動を生き抜く力強いＤＮＡがあるといっても過言ではない。それは私が地球科学を専門としているからではなく、日本人ならば普通に感じている潜在的な直観ではないだろうか。

近代史を振り返ってみると、日本には過去二回の大きな危機があった。二百年以上も続いた鎖国を終えた時期と、第二次世界大戦に大敗したときである。

幕末の大混乱のさなかに開国した際には、西欧列強の植民地になる危機を見事に回避した。また、敗戦後にも、日本人は世界が目を見張るような回復と力強さを見せた。三回目となるであろう「大地変動の時代」に際しても、同じ力を発揮すると信じている。そして私は日本という風土に生まれてよかったと思うのである。

●活きた時間と死んだ時間

しなやかさを失わずに生きる方法論として、活きた時間という考えかたがある。フランスの哲学者ベルクソンが出した概念だが、「活きた時間と死んだ時間」という区分である。生命力を発揮する時間が「活きた時間」である。反対に、大地を起源とする生命から切り離された時間が「死んだ時間」だ。

ベルクソンは主著『時間と自由』（岩波文庫）の中で、人間の自由を時間の問題から論じた。時間には、時計で計測できる物理的時間（流れ去った時間）と、生きた人間が感じる心理的時間（流れつつある時間）がある。

人の直感的な意識の中で感じられる心理的時間こそが「時間」の本質であり、物理的時間は「空間」と同じだと見なす。そして、人間の自由は「流れ去った時間」にはなく、「流れつつある時間」の中にある。

もう一つ別の見方で、時間に関する二つの側面を記述してみよう。日常生活は時計に従って進んでゆく。時計の刻む時は誰にとっても、世界中どこでも変わらない。こうした時間を物理学に因んで「物理的時間」と呼ぶ。

これに対して、人間には心理的時間がある。同じ時間でも感じる長さが異なる。退屈な会議は長く感じるが、面白い映画はあっという間に時が経つ。これが心理的時間の特徴で、内容によって密度の濃淡や意味のあるなしがはっきりと分かれる。そしてベルクソンは、この心理的時間のありようこそが大事であると説く。

ベルクソンは心理的時間を「流れつつある時間」と表現した。宇宙の中で滔々《とうとう》と流れる時間のイメージである。人間の意識の中に去来するもので、つかみどころがない。

一方、物理的時間は「流れ去った時間」と呼んだ。過ぎ去ってしまった過去のイメージだ。車が走った跡が轍《わだち》として残ると、物理的時間はこの痕跡として視覚的に確認できる。また、時刻は時計の文字盤で針が指す位置として、空間的に表現できる。

人間がよりよく生きるためには心理的時間を増やすことが肝要だ。心理的時間は刻一刻と変化する。わずか一秒前は過去の時間に属し、もはやどうすることもできない。

そして人が生きているのは「今この瞬間」(here and now)だけなのである。よって、今を大事に生きてゆくことが、最も人間らしい生き方につながるのだ。

流れ去った時間を振り返るのは、物理的時間に固執することである。一流校を出たとか肩書きや家柄にこだわる人である。過去の栄光にすがって生きることほど愚かなことはない。その反対に、この世で生を受けて流れつつある瞬間を十全に生き抜くことが、最も大切なのである。

「流れ去った時間」とは、過去の実績や評価である。ここにばかり注意が向けられると、今この瞬間に「流れつつある時間」が疎かになる。実は、「流れつつある時間」とは人生そのものである。

これを自分で掌握できなければ、過去の「流れ去った時間」に翻弄《ほんろう》されたままである。これではいつまでたっても自由は手に入らない。

物理的時間（流れ去った時間）は後にニュートン時間と呼ばれ、心理的時間（流れつつある時間）は彼に因んでベルクソン時間と呼ばれるようにもなった。

ちなみに、私のような科学者は日常で厳密なニュートン時間を扱っている。地球の歴史は四十六億年ほどあり、素粒子の寿命は何兆分の一秒という。何億年でも何秒でも、物理学の決めた目盛りで時間を測ることができる。

物理的時間の上で長年仕事をしていた私は、本書を読んだときに目から鱗《うろこ》が落ちる思いをした。人間は地球上の物体である以上、ニュートン時間から決して逃れることはできないと思っていたからだ。

一方で私は火山という自然現象に出逢い、その面白さにのめり込んだ結果、いつの間にか火山学者になってしまった。こうして熱中していた人生上のプロセスは、まさにベルクソン時間ではなかったか。

活きた時間とは瞬間を生きることであり、それが生命力の強さに結びつく。この生命力こそ地球生命が経た三十八億年の歴史とも関係する。

ベルクソンは私が感じていた科学上の時間と人生上の時間との乖離《かいり》について初めて明快に説明してくれた。しかも、心理的時間（流れつつある時間）を過ごしたときにこそ、自分本来の人生を創ることができ、自由になれることを教えられたのである。

●地震にも「恵み」がある

さて、「大地変動の時代」における日本人の決心に話を戻そう。

読者の中には、「なぜ自分たちの住んでいるところにばかり地震が来るのだろう」と思っている方も少なくないだろう。あるいは、「先祖たちは地震の来ないところに住んでくれなかったのだろうか」と考えたりもするだろう。

実は、人間は地震が起きる場所、すなわち活断層の傍《かたわ》らを選んで住んできたのである。もちろん地震は人の居住地を選んで起きるのではない。また、我々の先祖に地震の知識がなかったからでもない。

むしろその逆で、活断層周辺の土地は暮らしやすく、人にとってさまざまな点で都合がよい。だから延々と人間は「地震の巣」の上に住みついてきたのである。地震現象は「長尺の目」で眺めると、意外な面が見えてくる。意外に思われるかもしれないが、災害を引き起こす地震にも「恵み」がある。

たとえば、人の生活に欠かせない水脈について考えてみよう。私の住む京都は、東と北と西の三方を山に囲まれた盆地にあり、それぞれ東山、北山、西山と呼んできた。

この盆地の縁には花折《はなおれ》断層と黄檗《おうばく》断層、北山断層、西山断層などの活断層があり、数千年おきに直下型地震を起こしてきた。また、琵琶湖の京都寄りには琵琶湖西岸断層帯があり、ここで発生する直下型地震のMは7・1と予測されている。

実は、M7クラスの大地震が起きるたびに、山地は隆起する。高くなった山では降雨のたびに表面の土砂が流される。その結果、長い年月をかけて土砂が盆地に流入し、堆積層をつくっていく。

京都の縁に聳《そび》えている東山や西山は、大地震が起きるたびに高くなったのだ。それで高くなった山から土砂が流れてきて、盆地に広がって堆積し「千年の都」がつくられた。

こうして京都を囲む三方の山と中央の平らな盆地が、数百万年の時間をかけてできあがったわけである。逆に言えば、活断層がなければ京都盆地はなかったのだ。

こうした盆地の下には、大きな水瓶《みずがめ》がある。水を通しにくい硬い基盤岩の上に、水を通す堆積層が何百メートルも重なっているからである。

ここに貯えられた豊富な水が、京都盆地のまん中で湧《わ》き出している。この湧き水から酒をつくり、豆腐や湯葉《ゆば》をつくり、また京友禅《きょうゆうぜん》を洗ってきたのである。近年では、半導体による最先端エレクトロニクス産業もまた、京都盆地で潤沢に供給される水から生み出された。

すなわち、二千〜三千年に一回起こる地震の営力が生み出した豊富な地下水を求めて、我々の先祖は京都に都を造営し、産業を生み出し、そこに伝統と文化が生まれたのである。

日本が世界に誇る文化と科学技術は、活断層のつくった水瓶のおかげ、とも言えるのである。

●豊かな都市に必要な条件

こうしてみると、水がある場所を求めて集まってきたのは人間のほうである。流入した土砂は風化し、肥沃《ひよく》な土壌となる。農作物はその肥沃な大地に育《はぐく》まれた。もし、地震もなく断層による地面の隆起が起こらなければ、現在の京都の場所は丹波《たんば》山地のような山々に囲まれた地域となっていただろう。そうなると、たくさんの人が集まることはできず、奈良から遷都されることもなかった。

人々が集まって都市に成長するためには、豊かな土壌と水の湧き出す広大な土地が必要だった。つまり、大地震は人口が集中した大都市のすぐそばに起こることが、初めから決まっているのである。

そもそも日本は国土が狭いうえに、さらに七割を山地が占めている。したがって、日本列島では人が住み農業を営む土地は限られている。それでも一億人以上の人口を維持できたのは、地震がひっきりなしに起きてきたからである。

たとえば、地震のおかげで山が高くなり、その前面に広い平野ができる。もし日本に地震がなかったら、ただの嶮《けわ》しい山地ばかりが続き、住むには適さない。私が暮らしている京都盆地も、地震のおかげで人が大勢住める平らな場所ができたものである。

居住や農業に適した平野や盆地は、平地の縁に地震を起こす断層があり、山をつくることで形成された。さらに、山から流れてきた土砂が、豊かな土と平坦地をもたらしてくれる。同じように、活断層の上には山越えの街道となる谷ができる。温泉や湧き水が出るのも岩盤を割る断層のおかげである。

逆に言うと、日本列島では盆地や平野の縁には、必ず活断層が存在する。それが千年とか二千年に一回くらいの割合で激しい地震を起こしてきた。しかし、大揺れを何とかしのげば、ふたたび長い「恵み」がやってくるというわけである。

大勢の人間が暮らすことのできる平坦な大地は、長期間の地震活動がつくったものである。また、平野や盆地に農耕が可能な肥沃な土地ができたのも地震のおかげである。つまり、大地震のあとにやってきた大きな「恵み」を、日本人はそれと知らずに享受してきたわけである。

一時的に直下型地震という災害を受ける以外の長い時間、我々はこうした恵みを享受しているのである。見方を変えれば、直下型地震は数千年に一回しか来ないので、来たときに数十秒の大揺れを何とかしのげばよいのである。

確かに直下型地震への準備は大切であるが、このように長いスパンで自然現象を捉えることも大切なことではないだろうかと考えている。

●京都で「生き抜く」

京都の話が出たところで、首都圏から離れて京都で「生き抜く」という戦略について語っておこう。南海トラフ巨大地震を二十年ほど後に控えて、情報をどこでどのように発信するかは、私のような地球科学者にとっても重要な課題である。

現代社会で情報を統御しているのはマスコミである。そしてマスコミという産業は、ほとんど東京が拠点になっている。出版社、新聞社、テレビ、ラジオの全部が、東京を頂点として機能しているからだ。この結果、仕事の多くは東京を起点に発生するもので、国際会議など首都以外では開催不能な事業が多いのも事実である。

私がテレビやラジオに出演する際には、京都から新幹線に乗ってスタジオまで出向くことになる。シンポジウムや学会の多くは、来場者の訪れやすさを考えて都内の便利な場所で開催される。

対談の相手も、首都近辺で活動している方がほとんどである。情報発信のすべてにおいて東京が中心となっているのが現状なのだ。

一方、私に本を依頼するとなると、企画の打ち合わせ、製作のやり取りのため、編集者にはわざわざ京都まで来ていただかなくてはならない。雑誌の取材もそうである。

では、東京へ移ったらもっと私は効率的に仕事ができるかというと、そうでもないのである。あまりに忙しくなりすぎて、仕事の質が落ちる可能性が否定できない。

言葉は悪いかもしれないが、マスコミに便利使いされる恐れもある。テレビタレントや芸人さんがそうであるが、一時は大はやりしても直《じき》に飽きられて使い捨てにされることが少なからずある。私の知り合いの言論人にも、あまりにも多忙で何をしているのかわからない、とつぶやく人が多いのである。

京都在住の中西輝政・京大名誉教授のジャーナリズムへの登場頻度は随一である。彼は我が国を代表する国際政治学者であるが、東京への一極集中は問題だと言いきる。すべてが揃っている東京では、かえって情報が偏って増幅してゆくからである。

「ふだん、京都に住んでいる私だからこそ、この異常な情報の伝わり方がよく見えてきます」と彼は書いている（『本質を見抜く「考え方」』サンマーク文庫）。この感覚に、私も全面的に賛成である。

私は、自分をベストの状況で保つために京都は最高の位置にあるのではないか、と思い至るようになった。生き馬の目を抜く東京から離れて、必要以上のスピードに飲み込まれないため、また情報過多に翻弄されないために、京都くらいの適度な距離が必要なのである。

加えて、京都にいる方が良い仕事がやってくる、というメリットが生まれてきた。厳選された依頼だけが舞い込んでくるようになったのである。

たとえば、私を東京に呼び出すには、時間だけでなく旅費や宿泊費が余分にかかる。その費用と手間をかけてでも私に持ち込まれる新企画は、たいてい玉《ぎょく》なのである。

そうまでしても仕事をさせたいと考えた編集者やプロデューサーは、最初から意気込みが違う。私自身もわざわざ時間を捻《ひね》り出してまで東京に出向き、より価値の高い仕事を産みだそうと努力する。結果的に、双方にとってよい成果となって出てくるのである。

私がこれまで引き受けた仕事は、幸い全てこうした篩《ふるい》にかかったものである。すなわち、私にしかできない必然性のあるものばかりだったのである。

これがもし東京にいたとしたら、こうはいかなかったのではないだろうか。もっと多くの本を私は刊行したかもしれないが、それほど強い力はなかったと思う。テレビやラジオの出演に関しても全く同様である。

京都でジャーナリズムの仕事を開始したのは正しかったと考えている。私の本を読んでくれた方、番組を見てくれた視聴者をがっかりさせないことにつながるからだ。

私は出版する書籍と出演番組のすべてが、意味のある仕事になってほしいと願っている。わざわざお金を出し、また時間を割いた人たちへの私自身の責任であると思うからだ。そのようなふるい分けが機能するため、京都という距離で仕事をするのがちょうど良いのである。

そして首都圏のような過密状態にならない京都は、仕事上だけでなく、津波が来ないなどの理由によって、地震防災上も最適地ではないかと個人的には結論を下している。

●日本料理の食材の源流は火山

さて、地震の次に火山について見てみよう。火山活動は地下に溜まった熱の発露である。地球内部の熱を効率よく出そうとしてマグマが噴出し、地表には活火山ができる。

その活火山は「災害」も起こすけれども、一方で「恵み」ももたらす。そして地学現象には全て「短い災害と長い恵み」という側面がある。

日本の国立公園の九割は火山地域にできている。富士山もそうだが火山の噴火は人を惹《ひ》きつける美しい地形をつくる。さらに、日本人の大好きな温泉も、火山の麓で採れる高原野菜も、全て火山のおかげである。

火山はマグマを間欠的に噴出することで、もともと地球の内部にある栄養分を地上へもたらす効果がある。

たとえば、農作物に必要なリン酸塩、カリウム、ナトリウムが土壌に含まれるようになったのは、火山の噴出物が撒き散らされたおかげである。こうした栄養分が、食物連鎖によって植物から動物まで拡散するので、火山地域には多様な植物と動物が共存している。

さらに、生物に必要な栄養分は川を通じて海に流れ出すため、火山列島の近海では豊富な魚介類や海藻が獲れる。すなわち、世界で評判を得ている日本料理の豊かな食材の源流は火山にあると言っても過言ではない。活火山は災害の元凶というだけではないのだ。

ここで江戸時代の日本を振り返ってみる。二百五十年近く続いた鎖国政策の中で、自給自足の経済を成り立たせていた。食糧資源はもちろんのこと、鉱産資源も全くといってよいほど輸入せず、低消費エネルギーの豊かな生活を維持していた。

この基盤になったのも、火山がもたらした豊かな農産物と海産物だったのである。さらに燃料と建築材としての木材を始めとする日常生活に必要な物資も、火山噴出物のもたらす豊かな土壌が支えていた。

西洋にも目を転じてみよう。西洋で発明されたワインも、火山灰質の土壌による恵みである。西暦七九年に起きたイタリア・ヴェスヴィオ山の大噴火で滅んだポンペイの遺跡から、夥《おびただ》しい数のワインの甕《かめ》が出土した。これは古代ローマの人々が火山の斜面でブドウを栽培し、ワインを醸造していた証拠である。

また、シチリア島にある活火山・エトナ火山の山麓でもブドウ畑が広がっている。同様に、ワイン製造に適した火山灰質の土壌がもたらしたものである。よって、西洋料理を豊かにしたのは火山の恵みなのだ。

実は、火山がもたらす災害と恵みを人類全体にとっての収支決算として見ると、噴火で被った損害よりも恵みのもたらす利益のほうがはるかに大きいのである。

次に、恵みと災害を時間の観点から見てみよう。火山が人間に災害をもたらす時間は、恵みをもたらす時間よりもずっと短い。すなわち、噴火したときだけ、火砕流や溶岩流から逃げればよい。そのあとには長い恵みが必ずやってくる。人間でもスランプのあとには成長が約束されているが、それと似ていると私は思う。

第四章で述べたように巨大噴火は人類にとって大きな脅威で、文明さえ消滅させる破壊力がある。ポンペイに限らず南九州の縄文人もカルデラ噴火で全滅したが、一方で人類全体にとっては決定的な打撃にはならなかった。大災害を被った地域では噴火後に再び人が戻って生活を復活したからだ。この中で暮らしを支えたのも、火山がもたらす種々の恵みだった。

実は、地震にも火山噴火と同じ「短い災害と長い恵み」という構造がある。大きな地震が来たとしても、揺れる時間は数十秒かせいぜい数分である。

よって、その数分間に大ケガをしないように、何とかしのげばよいのだ。激しく揺れても家具が倒れてこないように固定しておけばよい。

そして、大地震が終わった後の数十年もの長い間は、楽しく暮らすことができる。「大地変動の時代」とはそういうものだと考えて、ゆったりと日本列島で暮らす。これが私の薦める地球科学的な生き方である。

人間に限らず自然界にも善悪の両面がある。病気もあれば健康もあるように、悲しみも喜びも全てをひっくるめて生身の人間ではないか。

したがって、活火山でも活断層に対しても、災害と恵みを合わせて付き合う覚悟をする。そして災害は短く、恵みは長いことに思いを馳《は》せて、乗り切るのである。

活火山と活断層はいずれも地球が持つエネルギーの発露である。時には地下の岩盤と地球環境を破壊するが、一方で生物の進化をうながすきっかけを与えてくれた。日本列島に豊かな自然が展開しているのは、活火山と活断層のお陰なのである。

世の中で起こることには必ず良い面と悪い面があって、それは誰もが経験していることだ。私は地球科学の研究に携わるようになってから、こうした複眼思考で物事を見るようになった。

同じ構造が自然界のみならず全ての世界に隠れている。こう考えながら人生の決断を下していけば、間違いがないのではないだろうか。

おわりに

本書を締めくくるに当たり、私が京都で経験したことを述べてみたい。本文に解説したように、「大地変動の時代」は千年ぶりの動乱である。したがって、これまでのやり方は通用しないことは、これまで縷々《るる》述べたとおりである。

そもそも地震や噴火が当たり前のように起きる日本列島で生き延びるには、かなりの覚悟が必要だ。よって、地球科学の正しい情報を得ているかどうかが、人生上の決心をする上で大きな影響力を持つのである。

といって、絶えず怯《おび》えてビクビクしながら暮らすのでは、人生が楽しくない。日本は四季の変化が鮮やかで美しい自然に囲まれている。それにもかかわらず、精神生活が貧しくなっては元も子もない。幸い、歴史と伝統の息づく古都・京都には人生を潤すたくさんの要素が揃っている。これについて少し話をしたい。

世界遺産に認定された京都では、ひと月の間に骨董《こっとう》や古物を扱う露天市がいくつも立つ。有名どころとしては弘法大師・空海が建立した東寺の境内で開かれる骨董市がある。地元では「弘法さん」と親しみを込めて呼ばれる市だが、大師の命日にちなんで毎月二十一日に行われる。

同じように「天神さん」と呼ばれる北野天満宮の骨董市は、毎月二十五日に開かれる。二つのどちらかが雨になることも少なからずある。こういうときに京都人は、「弘法さんが晴れたら天神さんは雨やなぁ」などとつぶやく。そう言われながら、規模および知名度ともに二大骨董市として京都に君臨している。

その他にも市はたくさん出る。毎月、八の付く日に行われる豊国《とよくに》神社（京の人々は親しみを込めて「ホウコクさん」と呼ぶ）の市や、上賀茂《かみがも》神社の市などであり、京都市内の至る所で定期市や不定期市が開かれている。

中でもとびきり個性的な骨董市を紹介しよう。同じ東寺でも、毎月の第一日曜には骨董や古物のプロたちも参集する市が立つ。曜日に関係なく二十一日に開催される「弘法さん」とは区別して、こちらは「古道具市《ふるどうぐいち》」と呼ばれている。

日曜の早朝、それこそ午前四時という暗いうちから垂涎《すいぜん》ものの骨董が並べられ、通人は朝の五時には購入したお宝を大事に抱えて帰路につく。すなわち、朝六時に来るようではもはや遅い、という極めてマニアックな市なのだ。

こうして京都の古物好きは、一ヶ月の半分ほどの日を占めるどこかの市へ繰り出して掘り出し物を探すのだ。そして、かくいう私も最近、そのメンバーの末席に名を連ねるようになった。

●陰翳礼讃の世界

事の発端は京都の中心部に得た寓居《ぐうきょ》である。そもそも大学教師の仕事をしていると、次々と増殖する本が研究室や自宅に溢れかえる。五年先の定年も見え始め、研究室の膨大な資料と蔵書を移す適当な書庫がどこかにないかと日夜探していた。

すると何を勘違いしたのか、書物など殆《ほとん》ど入らない小さな京町家が私のもとにやって来た。不思議なご縁であるが、ここから私の生活は一変した。

もともと数億年前の岩石を扱う地質学者なので、古いものは嫌いではなかった。その性癖がピッタリと符合して、何から何まで古き良き骨董を蒐集《しゅうしゅう》するようになった。

たとえば、東寺の古道具市で手に入れた行灯《あんどん》は、春慶塗《しゅんけいぬ》りの逸品だ。灯明《とうみょう》皿に菜種油を入れて灯心に火を灯《とも》すと幽玄な光を放つ。行灯の下についた小さな引き出しもまた風情がある。ここには芯つまみやマッチなどを入れて楽しむのである。

私は昔から蠟燭《ろうそく》の柔らかな光を好む傾向がある。煌々《こうこう》と照らされた電飾よりも、蠟燭が揺らめく薄暗い部屋のほうが心が落ち着くからだ。よって、庭先に釣り下げてある鉄灯籠と庭奥の石灯籠には、いずれも小さな蠟燭を灯して宵闇《よいやみ》を待っている。

和蠟燭も忘れてはならない。燭台に置かれた和蠟燭が放つ特有の光には、カオスが支配する揺らめきが宿る。まるで生きているかのような深い余情の世界。現代物理学の最先端理論であるストリング・セオリーや不確定性原理も、ここでは不要だ。

実は、こうした淡い光の中でこそ本来の美しさを愛でることができるのが、日本が誇る漆器である。文豪・谷崎潤一郎の著した『陰翳礼讃《いんえいらいさん》』に、こんな件《くだり》がある。

「日本の漆器の美しさは、そう云うぼんやりとした薄明りの中に置いてこそ、始めてほんとうに発揮される（中略）塗り物の沼のような深さと厚みとを持ったつやが、全く今までとは違った魅力を帯び出して来る」（谷崎潤一郎『陰翳礼讃』中公文庫、二四〜二五ページ）。

すなわち、陰翳礼讃とはそもそも「暗さ」を尊ぶことである。谷崎は薄暗い部屋の中で和蠟燭の明かりに浮かび上がる漆器をこよなく愛した。明るい光の中ではわからない物の魅力が、陰翳の中に置くと格段に栄《は》えるからである。

これこそ日本における美の真髄ではないだろうか、と古典主義者は主張する。ちなみに、英語で陶器をチャイナ、漆器をジャパンというが、まさに漆器の魅力は日本的な陰翳の中にこそ浮かび上がる。

ところで和蠟燭といえば、英国の化学者ファラデーが『ロウソクの科学』という名著を残している。貧しい鍛冶屋の子どもに生まれ、製本工から身を立てて世界的な化学者になった人物が、少年少女のために科学の魅力を語り聴かせた講話の記録である。

あまり知られていないが、ここに和蠟燭が引用されている。「光栄にもこの連続講演を聞きに来てくださったあるご婦人が、私にこの二本のロウソクをくださいました。（中略）この日本のロウソクは、フランスのロウソクに比べて、はるかにりっぱに飾りたてられています」（『ロウソクの科学』岩波文庫、一五一ページ）。

さて、お寺から出てきたという古い香時計《こうどけい》も、優《すぐ》れものだ。灰の上に粉末の香を真っ直ぐに引く。端まで行くと折り返し、再び真っ直ぐに香を敷きさらに折り返す。

こうした繰り返しリズムで香のラインを綺麗に引くため、木型が備え付けられている。そして香の端から火を付け、焚《た》き終わった香の長さで時間を計る。ゼンマイ式の時計もなかった明治期以前の日用具だ。

さらに、香時計には幅三〇センチメートル角ほどの格子の蓋が付く。格子の間から立ち上がる一筋の香のゆらぎが、見る者の息を深くさせるのである。

●「考える」科学者から「感じる」科学者へ

こうした生活を送るにつれて、私は自分の中にある変化を感じるようになった。これまで四十年間ほど培《つちか》ってきた地球科学者としての情報処理作業に没頭する自分とは全く異なる、ある種の新しい「体の感覚」である。

そもそも科学の世界では、情報処理作業が研究者のアウトプット能力を左右する。現代のそつのない科学者たちは、自分たちが解ける問題だけを選んで解いていく。つまり、解が見つかるような範囲に問題を設定し、それを論理的にかつ迅速に解いていくのだ。

そして、いつしか科学は世間から万能技術のように思われ、いかなる問題も解決してくれると誤解されるようになった。ところが、自然界には到底人間が解くことのできない問題が山ほどある。

たとえば、私の専門である火山噴火や地震を予知することはほとんど不可能である。思わぬときに起きる自然災害を一〇〇パーセント防ぐことはもちろんできない。また、全ての病気を撲滅することも同じく不可能だ。

それでも、人々から地震予知と噴火予知は求められ、病の完治のために再生医療が駆使される。すなわち、答えを求められ結果を出すよう強いられる生活が、科学者には果てしなく続くのだ。

かつてこんなことがあった。大きな仕事の完成を目指してひたすらパソコンに向かう日々のさなかである。恐らく体は悲鳴をあげていたのだが、私は休むことなく働き続けた。

そして仕事の山を越したとき、体に異変が起きた。凄まじい歯痛と頭痛である。肩はこわばり迷走神経が硬直していた。興奮状態が続き夜もぐっすり眠れない。朝になって目が覚めると、ぐったりと疲れていた。そうした状態になるまで自分の体に気を留めなかったのだ。

あるとき、私は自分の体が発する「声」を聞く訓練を始めようと決心した。しかし、長い科学者人生で習い性となった生活習慣は、すぐには変わらない。何か問題が生じると、直ちに解決をしようと走り出す。すなわち、体の声をじっくりと聞く時が待てないのである。

情報処理能力にかけては人後に落ちないつもりだったのが、今になって仇《あだ》となった。その後あれこれと試行錯誤を繰り返した。その果てに、自分の感覚を研《と》ぎ澄ます訓練を始めたのである。

たとえば、正座の訓練もその一つだが、やってみるとなかなか心地よく、かつ奥深い。背筋を真っ直ぐに伸ばし、深い呼吸をする時間を一日の中に取り入れる。すると、体がまるで和蠟燭の放つ光のようにわずかに揺らめくのを感じられるようになってきた。豊かな時が静かに流れる感覚が、初めてかすかにわかるようになった。

不思議なことに、体の感性を磨く訓練を始めてから、私の中で何かが変わってきた。その心地よさを感じるようになった頃から、味覚に対する感覚が鋭くなった。

化学合成された旨味成分や添加物を、体が拒否するのである。いつのまにか書庫が京町家に変身したことにも何か意味があると捉え、私は「考える」科学者から「感じる」科学者へと変身しようともがいた。

しかし、それは思ったほど簡単ではなかった。今の科学者からコンピュータを取り上げることは不可能である。しかし、「感じる」科学者はパソコンとスマホをまず手元から遠ざける必要がある。

全てがインターネットで操作されるデジタル時代だからこそ、アナログ能力が必要不可欠になる。「考える」から「感じる」へ。「大地変動の時代」には今までの文脈とは違う生き方が求められるのだ。

そして地球科学者の立場から未来予測すると、日本列島ではこれからも地震と噴火は止むことはない。こうした時代こそ、体のしなやかな感覚を蘇《よみがえ》らせながら、楽々悠々《ゆうゆう》と生き抜きたいと思う。

本書が日本人全ての方々の決心に役立つことを、心より願っています。

最後になりましたが、原稿の整理から本文の彫琢《ちょうたく》まで様々なご助力を賜りましたＰＨＰ研究所新書出版部の西村 健さんに感謝を申し上げます。

京都で日本の未来に思いを馳せつつ

鎌田浩毅

※索引は199ページより始まります。

索　引

- 斜体は本文中の写真または図版のページを表しています。
- 節における初出のページを掲載しました。
- 一部、掲載を割愛したページがあります。

PHP新書

PHP INTERFACE
http://www.php.co.jp/

鎌田浩毅［かまた・ひろき］

1955年、東京生まれ。東京大学理学部地学科卒業。通産省（現・経済産業省）を経て97年より京都大学大学院人間・環境学研究科教授。理学博士。専門は火山学・地球科学・科学コミュニケーション。テレビ・ラジオ・雑誌・書籍で科学を明快に解説し、啓発と教育に熱心な「科学の伝道師」。京大の講義は毎年数百人を集める人気で教養科目１位の評価。モットーは「面白くて役に立つ教授」。

著書（科学）に、『京大人気講義 生き抜くための地震学』（ちくま新書）、『火山噴火』（岩波新書）、『火山と地震の国に暮らす』（岩波書店）、『地球は火山がつくった』（岩波ジュニア新書）、『富士山噴火』（講談社ブルーバックス）、『マグマの地球科学』（中公新書）、『地学のツボ』（ちくまプリマー新書）、『火山はすごい』（PHP文庫）、『次に来る自然災害』『資源がわかればエネルギー問題が見える』（以上、PHP新書）、『もし富士山が噴火したら』（東洋経済新報社）、『まるごと観察 富士山』（誠文堂新光社）、『地震と火山』（学研）。

著書（ビジネス）に、『一生モノの勉強法』『一生モノの時間術』『一生モノの人脈術』『座右の古典』『知的生産な生き方』（以上、東洋経済新報社）、『成功術 時間の戦略』『世界がわかる理系の名著』（以上、文春新書）、『ラクして成果が上がる理系的仕事術』『京大理系教授の伝える技術』（以上、PHP新書）、『一生モノの英語勉強法』『一生モノの英語練習帳』（以上、祥伝社新書）、『使える！作家の名文方程式』（PHP文庫）、『中学受験理科の王道』（PHPサイエンス・ワールド新書）などがある。

著者ホームページ
http://www.gaia.h.kyoto-u.ac.jp/~kamata/

西日本大震災に備えよ

日本列島大変動の時代

PHP新書 1016

二〇一五年十一月二十七日　第一版第一刷

著者――鎌田浩毅
発行者――小林成彦
発行所――株式会社PHP研究所
東京本部――〒135-8137 江東区豊洲5-6-52
新書出版部 ☎03-3520-9615（編集）
普及一部 ☎03-3520-9630（販売）
京都本部――〒601-8411 京都市南区西九条北ノ内町11
組版――朝日メディアインターナショナル株式会社
装幀者――芦澤泰偉＋児崎雅淑
印刷所
製本所――図書印刷株式会社

ISBN978-4-569-82784-1

ＰＨＰ新書刊行にあたって

「繁栄を通じて平和と幸福を」(PEACE and HAPPINESS through PROSPERITY)の願いのもと、ＰＨＰ研究所が創設されて今年で五十周年を迎えます。その歩みは、日本人が先の戦争を乗り越え、並々ならぬ努力を続けて、今日の繁栄を築き上げてきた軌跡に重なります。

しかし、平和で豊かな生活を手にした現在、多くの日本人は、自分が何のために生きているのか、どのように生きていきたいのかを、見失いつつあるように思われます。そして、その間にも、日本国内や世界のみならず地球規模での大きな変化が日々生起し、解決すべき問題となって私たちのもとに押し寄せてきます。

このような時代に人生の確かな価値を見出し、生きる喜びに満ちあふれた社会を実現するために、いま何が求められているのでしょうか。それは、先達が培ってきた知恵を紡ぎ直すこと、その上で自分たち一人一人がおかれた現実と進むべき未来について丹念に考えていくこと以外にはありません。

その営みは、単なる知識に終わらない深い思索へ、そしてよく生きるための哲学への旅でもあります。弊所が創設五十周年を迎えましたのを機に、ＰＨＰ新書を創刊し、この新たな旅を読者と共に歩んでいきたいと思っています。多くの読者の共感と支援を心よりお願いいたします。

一九九六年十月

ＰＨＰ研究所

PHP新書

［自然・生命］

208 火山はすごい　鎌田浩毅
299 脳死・臓器移植の本当の話　小松美彦
659 ブレイクスルーの科学者たち　竹内 薫
777 どうして時間は「流れる」のか　二間瀬敏史
797 次に来る自然災害　鎌田浩毅
808 資源がわかればエネルギー問題が見える　鎌田浩毅
812 太平洋のレアアース泥が日本を救う　加藤泰浩
833 地震予報　串田嘉男
907 越境する大気汚染　畠山史郎
917 植物は人類最強の相棒である　田中 修
927 数学は世界をこう見る　小島寛之
928 クラゲ 世にも美しい浮遊生活　村上龍男／下村 脩
940 高校生が感動した物理の授業　為近和彦
970 毒があるのになぜ食べられるのか　船山信次

［社会・教育］

117 社会的ジレンマ　山岸俊男
134 社会起業家「よい社会」をつくる人たち　町田洋次
141 無責任の構造　岡本浩一
175 環境問題とは何か　富山和子
324 わが子を名門小学校に入れる法　清水克彦／和田秀樹
335 NPOという生き方　島田 恒
380 貧乏クジ世代　香山リカ
389 効果10倍の〈教える〉技術　吉田新一郎
396 われら戦後世代の「坂の上の雲」　寺島実郎
418 女性の品格　坂東眞理子
495 親の品格　坂東眞理子
504 生活保護vsワーキングプア　大山典宏
515 バカ親、バカ教師にもほどがある　藤原和博／［聞き手］川端裕人
522 プロ法律家のクレーマー対応術　横山雅文
537 ネットいじめ　荻上チキ
546 本質を見抜く力――環境・食料・エネルギー　養老孟司／竹村公太郎
558 若者が3年で辞めない会社の法則　本田有明
561 日本人はなぜ環境問題にだまされるのか　武田邦彦
569 高齢者医療難民　吉岡 充／村上正泰
570 地球の目線　竹村真一
577 読まない力　養老孟司
586 理系バカと文系バカ　竹内 薫［著］／嵯峨野功一［構成］

602 「勉強しろ」と言わずに子供を勉強させる法　小林公夫
618 世界一幸福な国デンマークの暮らし方　千葉忠夫
621 コミュニケーション力を引き出す　平田オリザ／蓮行
629 テレビは見てはいけない　苫米地英人
632 あの演説はなぜ人を動かしたのか　川上徹也
633 医療崩壊の真犯人　村上正泰
641 マグネシウム文明論　矢部　孝／山路達也
642 数字のウソを見破る　中原英臣／佐川　峻
648 7割は課長にさえなれません　城　繁幸
651 平気で冤罪をつくる人たち　井上　薫
675 中学受験に合格する子の親がしていること　小林公夫
678 世代間格差ってなんだ　城　繁幸／小黒一正／高橋亮平
681 スウェーデンはなぜ強いのか　北岡孝義
692 女性の幸福［仕事編］　坂東眞理子
694 就活のしきたり　石渡嶺司
706 日本はスウェーデンになるべきか　高岡　望
720 格差と貧困のないデンマーク　千葉忠夫
739 20代からはじめる社会貢献　小暮真久
741 本物の医師になれる人、なれない人　小林公夫
751 日本人として読んでおきたい保守の名著　潮　匡人
753 日本人の心はなぜ強かったのか　齋藤　孝
764 地産地消のエネルギー革命　黒岩祐治
766 やすらかな死を迎えるためにしておくべきこと　大野竜三
769 学者になるか、起業家になるか　城戸淳二／坂本桂一
780 幸せな小国オランダの智慧　紺野　登
783 原発「危険神話」の崩壊　池田信夫
786 新聞・テレビはなぜ平気で「ウソ」をつくのか　上杉　隆
789 「勉強しろ」と言わずに子供を勉強させる言葉　小林公夫
792 「日本」を捨てよ　苫米地英人
798 日本人の美徳を育てた「修身」の教科書　金谷俊一郎
816 なぜ風が吹くと電車は止まるのか　梅原　淳
817 迷い婚と悟り婚　島田雅彦
819 日本のリアル　養老孟司
823 となりの闇社会　一橋文哉
828 ハッカーの手口　岡嶋裕史
829 頼れない国でどう生きようか　加藤嘉一／古市憲寿
830 感情労働シンドローム　岸本裕紀子
831 原発難民　烏賀陽弘道
839 50歳からの孤独と結婚　金澤　匠
840 日本の怖い数字　佐藤　拓
847 子どもの問題　いかに解決するか　岡田尊司／魚住絹代
854 女子校力　杉浦由美子

［**知的技術**］

404 「場の空気」が読める人、読めない人　福田 健
438 プロ弁護士の思考術　矢部正秋
573 1分で大切なことを伝える技術　齋藤 孝
605 1分間をムダにしない技術　和田秀樹
626 “口ベタ”でもうまく伝わる話し方　永崎一則
646 世界を知る力　寺島実郎
666 自慢がうまい人ほど成功する　樋口裕一
673 本番に強い脳と心のつくり方　苫米地英人
683 飛行機の操縦　坂井優基
717 プロアナウンサーの「伝える技術」　石川 顕
718 必ず覚える！ 1分間アウトプット勉強法　齋藤 孝
728 論理的な伝え方を身につける　内山 力
732 うまく話せなくても生きていく方法　梶原しげる
733 超訳 マキャヴェリの言葉　本郷陽二
747 相手に9割しゃべらせる質問術　おちまさと
749 世界を知る力 日本創生編　寺島実郎
762 人を動かす対話術　岡田尊司
768 東大に合格する記憶術　宮口公寿
805 使える！「孫子の兵法」　齋藤 孝
810 とっさのひと言で心に刺さるコメント術　おちまさと
821 30秒で人を動かす話し方　岩田公雄
835 世界一のサービス　下野隆祥
838 瞬間の記憶力　楠木早紀
846 幸福になる「脳の使い方」　茂木健一郎
851 いい文章には型がある　吉岡友治
853 三週間で自分が変わる文字の書き方　菊地克仁
876 京大理系教授の伝える技術　鎌田浩毅
878 [実践]小説教室　根本昌夫
886 クイズ王の「超効率」勉強法　日高大介
899 脳を活かす伝え方、聞き方　茂木健一郎
929 人生にとって意味のある勉強法　陰山英男
933 すぐに使える！ 頭がいい人の話し方　齋藤 孝
944 日本人が一生使える勉強法　竹田恒泰
983 辞書編纂者の、日本語を使いこなす技術　飯間浩明
1002 高校生が感動した微分・積分の授業　山本俊郎

［人生・エッセイ］

263 養老孟司の〈逆さメガネ〉　養老孟司
340 使える！『徒然草』　齋藤 孝
377 上品な人、下品な人　山﨑武也
411 いい人生の生き方　江口克彦
424 日本人が知らない世界の歩き方　曽野綾子
484 人間関係のしきたり　川北義則
500 おとなの叱り方　和田アキ子

639 世界カワイイ革命　櫻井孝昌
650 奈良の寺社150を歩く　山折哲雄／槇野 修
670 発酵食品の魔法の力　小泉武夫／石毛直道［編著］
684 望郷酒場を行く　森 まゆみ
696 サツマイモと日本人　伊藤章治
705 日本はなぜ世界でいちばん人気があるのか　竹田恒泰
744 天空の帝国インカ　山本紀夫
757 江戸東京の寺社609を歩く 下町・東郊編　山折哲雄／槇野 修
758 江戸東京の寺社609を歩く 山の手・西郊編　山折哲雄／槇野 修
765 世界の常識vs日本のことわざ　布施克彦
779 東京はなぜ世界一の都市なのか　鈴木伸子
804 日本人の数え方がわかる小事典　飯倉晴武
845 鎌倉の寺社122を歩く　山折哲雄／槇野 修
877 日本が好きすぎる中国人女子　櫻井孝昌
889 京都早起き案内　麻生圭子
890 反日・愛国の由来　呉 善花
934 世界遺産にされて富士山は泣いている　野口 健
936 山折哲雄の新・四国遍路　山折哲雄
948 新・世界三大料理　神山典士［著］／中村勝宏、山本豊、辻芳樹［監修］
971 中国人はつらいよ――その悲惨と悦楽　大木 康

［**思想・哲学**］

032 〈対話〉のない社会　中島義道
058 悲鳴をあげる身体　鷲田清一
083 「弱者」とはだれか　小浜逸郎
086 脳死・クローン・遺伝子治療　加藤尚武
223 不幸論　中島義道
468 「人間嫌い」のルール　中島義道
520 世界をつくった八大聖人　一条真也
555 哲学は人生の役に立つのか　木田 元
596 日本を創った思想家たち　鷲田小彌太
614 やっぱり、人はわかりあえない　中島義道／小浜逸郎
658 オッサンになる人、ならない人　富増章成
682 「肩の荷」をおろして生きる　上田紀行
721 人生をやり直すための哲学　小川仁志
733 吉本隆明と柄谷行人　合田正人
785 中村天風と「六然訓」　合田周平
856 現代語訳 西国立志編　サミュエル・スマイルズ［著］／中村正直［訳］／金谷俊一郎［現代語訳］
884 田辺元とハイデガー　合田正人
976 もてるための哲学　小川仁志